JN268694

翻訳に役立つ
Google活用テクニック

安藤 進 著

丸善出版

はじめに

　インターネットの普及に伴い,「検索」という言葉が広く知られるようになりました.「検索エンジン」という言葉もかなり広まってきました.「検索」というと, Yahoo（ヤフー）を思い浮かべる方が多いと思います. たとえば, 格安の航空券を手に入れたい, 秘境の温泉や身近な「スーパー銭湯」を探したい, といった目的で利用している人が多いのではないでしょうか.

　このように多くの方が検索エンジンを「情報検索」に利用しています. これに対して本書では,「情報検索」ではなく「表現検索」としてインターネットを利用することを主眼にしています. **インターネットそのものを表現辞典として活用する**というのが本書の目的です.

　検索エンジンは, もともとが「情報検索」の目的で開発されてきた経緯があるので,「**表現検索**」に利用するためには, 検索に関する基礎知識とテクニックが必要になります. 検索エンジンにはさまざまな種類がありますが, 本書ではGoogle（グーグル）を活用するテクニックを中心にして詳しく説明します.

　インターネットには, いわゆる正しい表現だけではなく, よくない表現もたくさんあります. しかし, 表現辞典として利用する立場で見ると, 大変興味深い事実も教えてくれます. たとえば, 日本人がよくおかす誤りの実例が豊富にあることは, 反面教師として利用する価値があります. よくも悪しくも世の中の縮図が

あるといえましょう．

　この 10 年間，筆者は大学生や社会人，中学校や高校の先生方を対象にしたセミナーで検索エンジンの利用法を紹介してきました．自分自身でも毎日利用しています．このような体験に基づいて，**Google を表現辞典として使いこなすためのテクニック**をまとめました．本書は，筆者の翻訳者としての体験に基づくノウハウ集です．執筆者の私が自分で直接体験し，実践していることだけに限って紹介しています．

本書の対象読者

　翻訳者，テクニカルライター，英語を読んだり書いたりする技術者や研究者，大学生，大学院生，そのほか英語教育に携わる先生方や英語に興味のある方々．

本書の構成と利用法

［本書の構成］

第 1 部 基礎編　（第 1 章〜第 3 章）

　　インターネットで利用できる翻訳ソフトや辞書を紹介します．表現検索の基本となるヒット件数について詳しく説明します．Google を利用するためのガイド，さらに高度なテクニックについて説明します．

第 2 部 演習編　（第 4 章〜第 9 章）

　　第 4 章〜第 7 章までは，和文英訳の課題に取り組みながら，**英語を書くための Google 活用テクニック**を紹介します．

　　第 8 章と第 9 章は，英文和訳に取り組みます．**英語の意味を知るための** Google 活用テクニックを紹介します．

第 3 部 まとめ　（第 10 章〜第 11 章）

　　第 10 章で，Google 活用テクニックをまとめます．「このような場合はこうする」という形で整理してあります．英語で 1 番頭を悩ませる冠詞についても簡単なルールを紹介します．第 11 章には，参照しやすいように，本書で

取り上げたサイトの URL をまとめてあります．

[本書の利用法]
- お急ぎの方は，各章にざっと目を走らせ，最後の第 10 章で確認してください．およそ 2 時間で読了できるはずです．自分の知らないテクニックがあれば，本書の説明を参考にしながら確認してください．これだけでも，本書を購入した価値はあるはずです．
- じっくり基礎から学びたい方は，最初から順に読んでください．1 章に 2 時間ほどを見込んで無理のない計画を立ててください．毎日 1 時間ほどかけると，約 1 ヶ月で完了できるはずです．

なお，自分でやってみると，本書で紹介したヒット件数と少し違うことに気づかれると思います．本書で紹介したヒット件数は，2003 年 5 月から 7 月にかけての数字です．インターネットの世界は日々動いています．しかし，基本的な傾向には大きな変化はないと思います．

インターネットの普及に伴い，検索エンジンが広く知られるようになりました．しかし，**英語を読んだり書いたりする目的**に利用している人は少ないようです．本書を読めば，これまでの学習法が一変するはずです．それぞれの職場や学校で，Google 活用のテクニックが必ずお役に立つと信じています．

2003 年 7 月

安藤 進（sando@inter.net）

目　次

第1部 基礎編 1

第1章 基礎知識 3
1.1 検索エンジンとは 4
1.2 情報検索と表現検索は違う 5
　可算名詞/不可算名詞の判定　6，動詞の活用形　7
1.3 ヒット件数 7
　フレーズ指定　8
1.4 翻訳ソフト 10
1.5 辞書 11
1.6 インターネットとウェブ 15
1.7 まとめ 16

第2章 Googleの活用ガイド 17
2.1 検索の種類 18
2.2 ウェブ検索 18
　検索語句の入力方法　18，単数形と複数形の区別　19，大文字と小文字の区別　19
2.3 検索結果の表示 19

ドメイン名　20, ランク付け　21, キャッシュ　22, 関連ページ　23, I'm Feeling Lucky　23

2.4 イメージ検索　　24
2.5 グループ検索　　25
2.6 ディレクトリ検索　　25
2.7 まとめ　　26

第3章 Googleを活用するための高度なテクニック　　29
3.1 丸括弧とOR指定　　30
3.2 ワイルドカード　　32
　ワイルドカードとは　33, プラス記号　34, マイナス記号　36
3.3 コマンド　　36
　用語集の指定　37, 定評ある文献の指定　37
3.4 まとめ　　41

第2部 演習編　　43

第4章 画像検索　　45
4.1 課題文　　46
　翻訳ソフトで試す　46, Googleで確かめる　47, 日本語を修正する　47, ヘルメットの訳語は？　47, Googleのイメージ検索　48, 名詞の単複と前置詞の選択　49, ドメイン名のチェック　50, 用例の検索　50, 義務規定の英語表現　52, 不自然な表現の研究　52,
4.2 まとめ　　54

第5章 燃料電池車　　57
5.1 課題文　　58
　翻訳ソフトで試す　58, 日本語を修正する　58,「燃料電池車」の訳語は　59,

「電気で走る」の前置詞は 60, ワイルドカードを利用する 61, 「酸素と水素の化学反応」の前置詞は 62, 「化学反応」の冠詞は 63, 「発生させる電気」の動詞は 64

 5.2 まとめ 66

第6章 地球温暖化 69

 6.1 課題文 70

翻訳ソフトで試す 70, 「環境問題」の訳語の検討 70, ドメイン名をチェックする 71, 最適な名詞を探す 71, 最適な形容詞を探す 72, 最上級/比較級との相性を確認する 75, 動詞を探す 75, 用語の定義を探す 76

 6.2 まとめ 77

第7章 ニュートンの発見 79

 7.1 課題文 80

翻訳ソフトで試す 80, 「成り立つ」の訳語は 80, 「光」と「色」との関係は 81, ワイルドカードを利用する 81, 時制の一致について考える 83, 類似用例を探す 84, 背景知識を増やす 85, 誤用例について考える 86

 7.2 まとめ 87

第8章 ウィルス 89

 8.1 課題文 90

 8.2 課題文1 90

翻訳ソフトで試す 90, 「programmers」は「プログラマー」でいいか？ 91, 「pianist」は「ピアニスト」でいいか？ 91

 8.3 課題文2 92

翻訳ソフトで試す 92, 「share」は「共有する」でいいか 92, 多摩美術大学の英和コーパスを引いてみる 93

 8.4 まとめ 95

 8.5 参考 96

英語全文 96, 試訳 97

第9章 セキュリティ問題 ... 99
9.1 課題文 ... 100
9.2 課題文1 ... 100
「with」は「備えた」でいいか？ 101, 挿入句の扱い 101,「Internet's pioneers」は「インターネットの開拓者」でいいか？ 101,「common」は「一般的」でいいか？ 101
9.3 課題文2 ... 103
「by」は「によって」でいいか？ 103,「with care」は「注意して」でいいか？ 104, 引用符のナゾ？ 105
9.4 まとめ ... 107
9.5 参考 ... 108
英語の全文 108, 全文の試訳 110, 補足コメント 112

第3部 まとめ ... 115

第10章 問題解決と基本ルール ... 117
10.1 問題はこのように解決する ... 118
こんな表現はあるのか 118, どんなものか目で確認したい 119, 市販の辞書にない表現は？ 119, 言葉の定義を知りたい 121, 用語のやさしい説明がほしい 121, 定評のある論文で用法を知りたい 122, 可算名詞か不可算名詞かを判定したい 122
10.2 Google活用：6つのルール ... 123
(1)フレーズ指定 123, (2)丸括弧とORの併用 123, (3)ワイルドカード 124, (4)キャッシュ 124, (5)国別ドメイン名 124, (6)コマンド 125
10.3 名詞と冠詞はこう考える ... 125
名詞と冠詞の基本ルール 126, 名詞と冠詞の基本的な考え方 127

第 11 章 役立つサイト 129

主要な検索エンジン　130，その他の検索エンジン　131，ドメイン名の検索　132，検索エンジンの最新情報　132，検索エンジンの検索　132，翻訳サイト　133，翻訳に役立つ資料　133，辞書サイト　134，各種専門辞典　134，英英辞書　135，百科事典/類語事典　135，米英の科学雑誌　136

あとがき 137

索　引 141

第 1 部
基 礎 編

　第1部では，インターネットで利用できるさまざまなサービス，Google を利用するためのガイド，さらに高度なテクニックについて説明します．

第 1 章
基 礎 知 識

　この章では，インターネットを表現辞典として利用するための基礎知識について説明します．また，本書で利用する翻訳ソフトや辞書も紹介します．

〔目　次〕
1.1 検索エンジンとは..4
1.2 情報検索と表現検索は違う..5
　　可算名詞/不可算名詞の判定..6
　　動詞の活用形...7
1.3 ヒット件数..7
　　フレーズ指定...8
1.4 翻訳ソフト..10
1.5 辞書..11
1.6 インターネットとウェブ...15
1.7 まとめ..16

1.1 検索エンジンとは

「検索エンジン」は,「search engine」の訳語です.筆者は,1980 年代の初めごろ,人工知能の分野で,「inference engine」という用語が盛んに使われていたことを覚えています.当時は「推論エンジン」と訳されていました.しかし,ちょっと考えると,日本語も英語も奇妙な表現です.

「エンジン(engine)」という言葉を聞くと,自動車のエンジンを思い浮かべる人が多いのではないでしょうか.『ランダムハウス英和大辞典』(小学館)を引くと,次の事実がわかります.

- もともとは,「自然」「天性」という意味から「才能」「妙案」に進化した.
- 用例には,「機関」「エンジン」という訳語が使われている.
    a steam engine 蒸気機関
    an auxiliary engine 補助エンジン
- 比喩的には「中心的な原動力」という意味でも使われている.
    Intelligence has become the economic engine of San Diego.
    情報はサンディエゴの経済的な主動力になった.
    (用例と語源は,『ランダムハウス英和大辞典』より)

近代になり,蒸気やガソリンを動力に変換する装置という意味で使われるようになりました.「妙案」という意味から発明品を指すように進化したものと推測できます.ソフトウェアの世界では,プログラムの中で激しく演算を繰り返す中核的な部分を指して使われるようになりました.

「検索エンジン」というのは「検索ができる装置」という発明品なのです.実際には「検索を実行するソフトウェア」を指します.検索ボックスに単語を入力すると,コンピュータが猛烈なスピードで演算を実行し,結果としてヒット件数や用例を表示してくれます.検索サービスを提供してくれる Web サイトという意味合いで「検索サイト」という表現も使われています.

本書で紹介する Google（グーグル）という検索エンジン（図 1.1）が登場したのは，1990 年代の後半です．Google が日本で広く知られるようになったのは，2000 年 9 月です．日本語も扱える巨大な検索エンジンの登場に，多くの翻訳者が注目しました．2003 年春の時点で，30 億ページをカバーする文字通り世界一の検索エンジンに成長しました．

図 1.1　Google

```
http://www.google.co.jp/
```

1.2 情報検索と表現検索は違う

検索エンジンで自分の入力した語句がそのまま検索されるものと考えている人が多いのではないでしょうか．実は，必ずしもそうではありません．裏でさまざまな操作が行われています．

> 「情報検索」と「表現検索」は，目的が違う．

たとえば，英語の名詞には，単数形と複数形があります．従来，Infoseek や AltaVista では，単数形で入力しても，複数形も検索対象に含まれました．しかし，Google は，**単数形と複数形を区別します**．この特徴には，利点と欠点があります．

> 利点
>
> 可算名詞(Countable Noun)と不可算名詞(Uncountable Noun)は辞書で確認できます．しかし，「地球温暖化」「酸性雨」「環境問題」「環境情報」などの語句になると，判断が難しくなります．このような語句（複合語）の**可算名詞/不可算名詞**の判定に利用できます．

> 欠点
>
> たとえば，「燃料電池車」の訳語として「fuel-cell vehicle」「fuel-cell car」のどちらがよいかという**訳語選択**では，単数形と複数形を検索対象に含める必要があります（この対策は第3章を参照）．

可算名詞/不可算名詞の判定

実際に使われている用例の中で，単独で使われる場合（主語や目的語など），次の事実が経験的に知られています．

- 可算名詞であれば，複数形のほうが多い．
  ［理由］単数形は，「1個」であり，「1」は特殊な数である．
  ゼロ個を含め1個以外の可算名詞は，原則としてすべて複数形になる．
  ※ ただし，名詞が名詞を修飾する場合は，単数形になる．

この経験的な事実から，次の判定ができます．

- ヒット件数で複数形が極端に少ない場合は，不可算名詞と見なせる．

たとえば，次の訳語について，可算名詞/不可算名詞のどちらにすべきかを考えてみましょう（表1.1）．

　　環境情報：environmental information
　　環境問題：environmental problem

表 1.1 "environmental information(s)"と"environmental problem(s)"の検索結果

単語	検索文字列	ヒット件数
information	"environmental informations"	423 件
	"environmental information"	320,000 件
problem	"environmental problems"	592,000 件
	"environmental problem"	96,400 件

表 1.1 から，次のように判定できます．
- environmental information：複数形が極端に少ない．不可算名詞として扱う．
- environmental problem：複数形が圧倒的に多い．可算名詞として扱う．

Google が名詞の単数形と複数形を区別するという特徴を利用すると，可算名詞/不可算名詞の判定に役立てることができます．ヒット件数については後述します．

動詞の活用形

英語の動詞には，5 種類の活用形（原形，3 人称単数現在形，過去形，過去分詞形，ing 形）があります．AltaVista では，たとえば，/translat*/と指定すると，translate, translates, translated, translating をカバー

> 英語の活用形を区別している．

することができました．しかし，Google にはこのような指定はできません．詳細は第 3 章のワイルドカードの説明を参照してください．

1.3 ヒット件数

検索エンジンで表示される数字のことです．検索フィールドで指定された条件に合う Web ページの数を指します．この数字は，厳密にいうと，html, doc, pdf などのファイルの個数のことです．本書では，これを「**ヒット件数**」と呼ぶことにしました．

たとえば，日本語で「セキュリティ事件が後を絶たない」と書く場合，漢字の

選択に不安を感じることがあります．そのような場合，いろいろな組み合わせで検索し，ヒット件数を比べると，適否を簡単に判断できます（表 1.2）．

表 1.2　ヒット件数の比較

漢字		検索文字列	ヒット件数	コメント
後	絶	が後を絶たない	15,100 件	正用
	断	が後を断たない	1,090 件	?
	立	が後を立たない	806 件	誤用
跡	絶	が跡を絶たない	1,170 件	正用
	断	が跡を断たない	63 件	?
	立	が跡を立たない	13 件	誤用

表 1.2 から，「後を絶たない」が 1 番多く使われていることがわかります．従来は，「跡を絶たない」が正用法だといわれていましたが，現在では「後を絶たない」も認められています．従来の正用法より 1 桁以上も多いことから，この事実が追認できます．

なお，「断つ」の意味はわかりますが，「立つ」は誤用でしょう．いずれにしても，ヒット件数を比較することにより，簡単な市場調査ができます．

フレーズ指定

次に，英語について考えてみましょう．英語の場合は，各単語が空白で区切られているので，特別な注意が必要になります．たとえば，燃料電池車の訳語の候補として「fuel cell vehicle」について検討してみましょう（表 1.3）．

表 1.3　フレーズ検索と AND 検索

入力方法	検索の種類	検索文字列	ヒット件数
フレーズ指定なし	AND 検索	`fuel cell vehicle`	337,000 件
フレーズ指定あり	フレーズ検索	`"fuel cell vehicle"`	19,100 件

表 1.3 から，英語の場合，次の事実がわかります．

(1) 複数の単語を入力し，そのままで検索すると，**AND 検索**（図 1.2）になります．この例では，「fuel」と「cell」と「vehicle」の**すべての単語が含まれている**ページが検索対象になります．

　「すべてを含む」と**「そのまま」**とはかなり違います．AND 検索の結果は，43 万件以上という大きな数字になります．しかし，これは，「fuel cell vehicle」のように，入力されたままの語順で検索した結果ではありません．

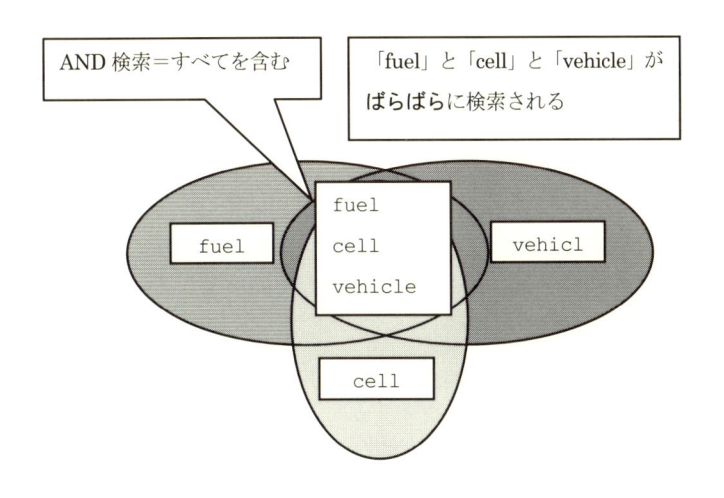

図 1.2　AND 検索

(2) 全体を**半角の二重引用符で囲む**と，**フレーズ指定**（図 1.3）になります．
　フレーズ指定にすると，2 万件弱という数字になります．これは，「fuel cell vehicle」と**固めて検索**した結果の数字です．このようにフレーズ指定で検索すると，文字通り入力されたままの語順で書かれているページが検索対象になります．ヒット件数を比較するには，フレーズ指定が必要になります．

```
"fuel cell vehicle"
```

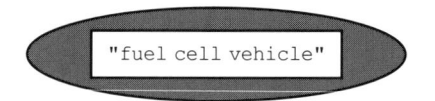

図 1.3　フレーズ指定

　このように複数の単語がばらばらにならないように固めるテクニックを「**フレーズ指定**」といいます．全体を半角の二重引用符(" ")で囲むと，フレーズ指定になります．

1.4 翻訳ソフト

　「機械翻訳(Machine Translation)システム」が開発されたのは，今から 20 年ほど前のことです．「Machine Translation」の略語を使って「MT システム」と呼ばれていました．

　機械翻訳(MT)システムが実用化された 1980 年代中ごろは，大型コンピュータに電話回線経由でアクセスする形態でした．その当時，1 ヶ月の回線利用料金が 1,000 万円もしたといわれています．

　その後，パソコン用のソフトが開発されました．1990 年代の後半になると，翻訳ソフトの試用版がインターネットで無料公開され，広く一般ユーザが使えるようになりました．

　現在の翻訳サイトには，「Web 翻訳」と「テキスト翻訳」というサービスがあります．「Web 翻訳」を選択し，Web ページのアドレス(URL)を入力すると，そのページを丸ごと翻訳してくれます．「テキスト翻訳」を選択した場合は，翻訳する文章を入力し，[英→和]と[和→英]のどちらかをクリックしてから[翻訳]をクリックします．

本書では，次の翻訳サイト（Excite，図 1.4）を利用します．

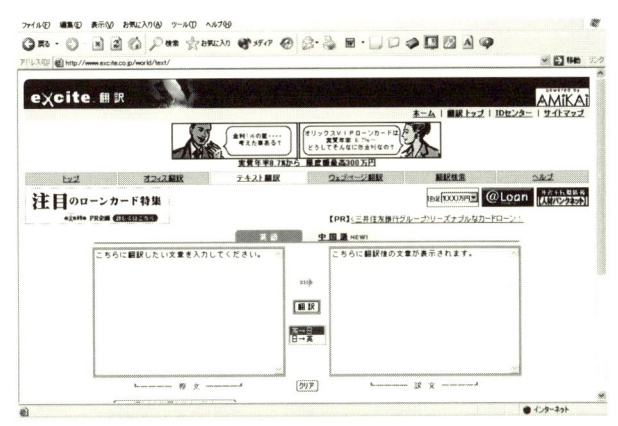

図 1.4 Excite の翻訳サービス
http://www.excite.co.jp/world/text/

翻訳ソフトは，原則として，**原文の構文と字句を忠実に反映**させようとします．いわゆる**直訳**と呼ばれる訳文に近くなります．学校で習う英文解釈や和文英訳にかなり近いといえます．本書では，翻訳ソフトの訳文を利用して，不自然な部分を検証しながら，本当に通じる表現について考えていきます．

1.5 辞書

インターネットには，さまざまな辞典が公開されており，無料で利用できます．本書では，次の辞書を利用します．

- 三省堂「Exceed」
  http://dictionary.goo.ne.jp/
  高校生向けの学習辞典．

> 市販の辞書は，見出し語と同じ単語でなければ検索できない．

- 研究社「**新英和・和英中辞典**」
  http://eiwa.excite.co.jp/
  大学生・一般向け．

これらは，市販の辞書をそのままデジタル化しただけなので，見出し語と一致しないと検索できないという欠点があります．これは，既存の英英辞典でも同じです．インターネットでは，これより便利な英英辞典（OneLook，図 1.5）があります．

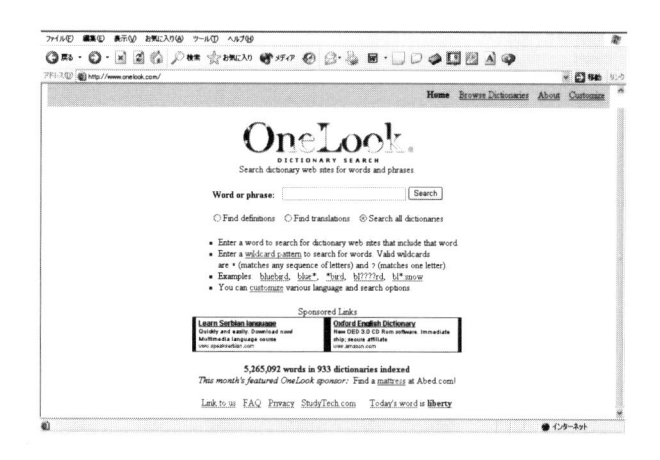

図 1.5　OneLook
http://www.onelook.com/

この辞書サイトを利用すると，多数の英英辞典をまとめて引けるので便利です．ワイルドカードも使えます．たとえば，「bluebird」という単語のスペルがわからない場合は，次のようにワイルドカードを指定します．

　blue*,　　*bird,　　bl????rd,

ここで，アスタリスク(*)は任意個数の文字，疑問符(?)は 1 文字を表します．

たとえば，「地球温暖化」に対応する「Global warming」は，インターネット

で公開されている Merriam-Webster 辞典には記載されていません．しかし，「OneLook」で検索すると，多数の英英辞典や百科事典が同時に引けます．

そのほかには，次のユニークな辞書があります．

● 英辞郎（図 1.6）
```
http://www.alc.co.jp/
```
　複合語が検索できるので便利．現場の翻訳者による独自の辞書．2002 年 3 月に 100 万語を達成．アルク社から店頭で販売されています．

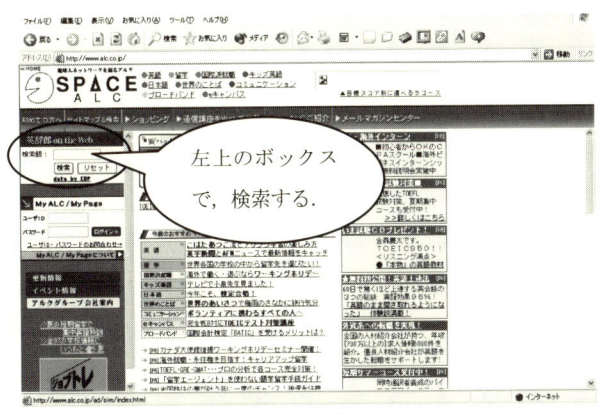

図 1.6　英辞郎
```
http://www.alc.co.jp/
```

● 多摩美術大学のコーパス辞典（図 1.7）
```
http://idd-www.idd.tamabi.ac.jp/corpus/
```
　翻訳者の山岡洋一氏が編纂した対訳辞書．明治・大正から昭和にいたる有名な小説の和訳と英訳から例文を対訳形式で示しています．**基本的な形容詞や副詞の訳し方**が参考になります．1999 年 7 月に多摩美術大学のサイトで公開され，海外からも広く利用されています．

14　第1部　基礎編

図1.7　多摩美術大学のコーパス辞典

http://idd-www.idd.tamabi.ac.jp/corpus/

● 　Je海辞典（図1.8）

http://www.jekai.org/

2000年5月からスタートした辞書開発のボランティアプロジェクト．トム・ガリー（Tom Gally）氏が主催．日本に固有の文化や習慣などが画像付きで説明されています．

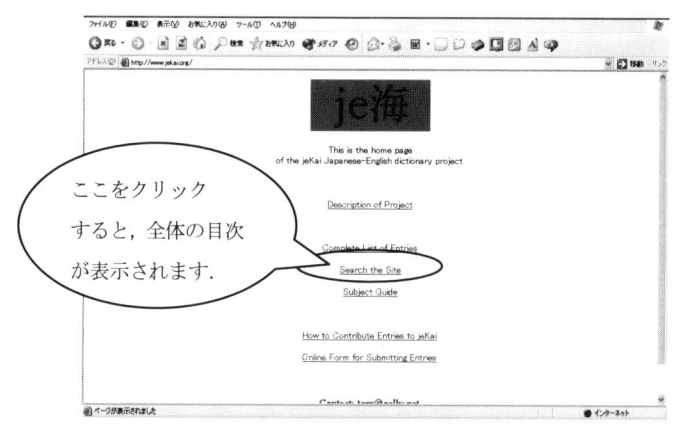

図1.8　Je海辞典

http://www.jekai.org/

1.6 インターネットとウェブ

「インターネット(Internet)」は，コンピュータのネットワークを相互に接続したものという意味です．ネットワークに接続されたコンピュータには，通常，html という拡張子のファイルにデータが格納されています．これを「ウェブ(Web)」といいます．インターネットはハードウェアであり，ウェブはその中身ということになります．

インターネットの歴史を振り返ると，アメリカ国防総省の高等研究計画局(ARPA)が実験を始めた1969年がインターネットの誕生年とされています．ワールド・ワイド・ウェブ(WWW)というシステムが開発されたのは，インターネット誕生から20年以上が経過した1991年です．その数年後，イリノイ大学の学生マーク・アンドリーセンが開発した「モザイク」がブラウザの原型になりました．現在では，マイクロソフト社の「インターネット・エクスプローラ (IE)」が広く普及しています．

ウェブとブラウザの普及に伴い，検索エンジンの開発も盛んになりました．1994年に「Yahoo」，1995年に「AltaVista」，1999年に「Fast Search」が登場しました．そして，2000年に「Google」の日本語版がお目見えしました．

検索エンジンは，インターネットに接続された多数のコンピュータからそこに保存されているファイルを集めて，ユーザからのリクエストに応じて検索結果を表示する仕組みのことです．

本書では，「**インターネットそのものを表現辞典として活用する**」と説明していますが，本来は「ウェブ」というべきかもしれません．しかし，最近は，htmlファイルだけではなく，ワードやパワーポイントなどのファイルも検索対象に含めるようになり，厳密な区別が難しくなりました．ユーザの立場ではあまり意味がないと判断し，厳密な用法の区別をしていないことをお断りします．

1.7 まとめ

　インターネットを表現辞典として利用するための基礎知識について説明しました．世界の人々に広く通じる英語を書くには，できるだけ多くの人が使っている表現を使えばよいという経験則も確認しました．また，インターネットで利用できる翻訳ソフトと辞書を紹介しました．

　この章で学習したことを確認しておきましょう．

- 検索エンジンは，入力された単語をそのままの形で検索するとは限りません．
    - ⇒ 複数の単語は，全体を半角の二重引用符(" ")で囲んで**フレーズ指定**にします．

- **ヒット件数**を比較すると，単語や語句の使用頻度が推定できます．
    - ⇒ ヒット件数は，ファイルの個数なので，検索した単語や語句の使用頻度そのものではありません．

- 翻訳ソフトは，原則として，**直訳**です．
    - ⇒ 原文の構文と字句を忠実に反映しようとするので，そのままで使えるとは限りません．

- 市販の辞書は，見出し語と同じ文字列でしか引けません．
    - ⇒ 単語の基本的な意味を知るには適している．

　次の第 2 章では，Google の利用法について説明します．

第 2 章
Google の活用ガイド

　この章では，インターネットを**表現**辞典として利用するための Google の基本的な活用法について説明します．次の第 3 章で高度なテクニックを紹介します．

〔目　次〕
- 2.1 検索の種類 18
- 2.2 ウェブ検索 18
  - 検索語句の入力方法 18
  - 単数形と複数形の区別 19
  - 大文字と小文字の区別 19
- 2.3 検索結果の表示 19
  - ドメイン名 20
  - ランク付け 21
  - キャッシュ 22
  - 関連ページ 23
  - I'm Feeling Lucky 23
- 2.4 イメージ検索 24
- 2.5 グループ検索 25
- 2.6 ディレクトリ検索 25
- 2.7 まとめ 26

2.1 検索の種類

Googleの検索画面を見ながら説明します．Googleには，次のボタンが用意されています（図2.1）．

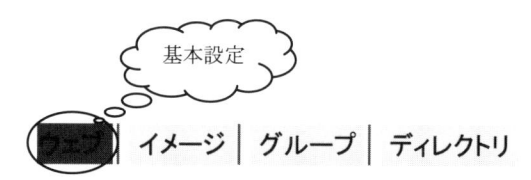

図2.1 ウェブ検索

特に何もしなければ，[ウェブ検索]になります．これが基本設定です．[イメージ検索]をクリックすると，画像検索ができます．[グループ検索]と[ディレクトリ検索]については，後で説明しますが，本書ではあまり利用しません．

2.2 ウェブ検索

検索ボックスに単語を入力して，Google 検索ボタンをクリックすると，検索が開始されます（図2.2）．

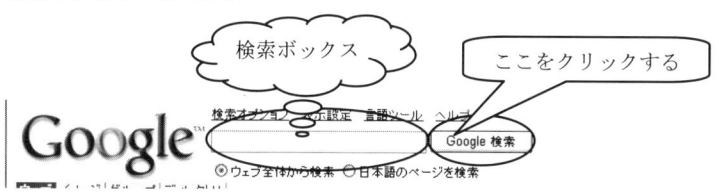

図2.2 検索ボックス

検索語句の入力方法

複数の単語を入力すると，Googleは空白で区切られたそれぞれの語句をAND指定と解釈します．第1章で説明した要点をまとめておきましょう．

フレーズ指定あり：固める（**半角の二重引用符**(" ")**で囲む**）
フレーズ指定なし：ばらばらで検索（そのまま入力する）

単数形と複数形の区別

Google は単数形と複数形を区別します．この特徴を利用すると，可算名詞と不可算名詞の判定に応用できます．詳細は，演習編で詳しく説明します．

大文字と小文字の区別

Google は大文字小文字を区別しません．どちらを入力しても，小文字として解釈されます．たとえば，「Internet」と「internet」「InterNet」は，どれも同じ結果が表示されます（表 2.1）．従来，たとえば，AltaVista では，大文字と小文字を区別していました．表現辞典として利用するには，これは大きな制約になります．

表 2.1　Google 検索の大文字と小文字の区別

検索文字列	ヒット件数	コメント
Internet	150,000,000 件	
Internet	150,000,000 件	すべて同じ数字
InterNet	150,000,000 件	⇒ 区別していない
INTERNET	150,000,000 件	

2.3 検索結果の表示

検索結果として，各 Web ページが次の形式で表示されます．

タイトル：青色の下線が引かれる
3 行の文章：検索文字列が太字で明示される
出典：Web ページの URL

ここで,「URL」は,「uniform resource locator」の略で,「統一した方式で情報資源を探す方式」という意味. 実際には, Web ページのアドレスのことです.

この 3 行の説明文は, 完全な文ではなく, 入力された語句を含む前後の部分が表示されます. 英語の場合, その語句の前後関係を見るだけで, 冠詞の有無や前置詞, 動詞などがチェックできるので便利です.

AltaVista や Fast Search でも, 数行ほど表示されますが, 必ずしもそこに検索語句が表示されないことも多かったので, これは非常に助かります.

ドメイン名

出典として Web ページの URL が表示されます. URL の先頭部分をドメイン名といいます. たとえば, 丸善のドメイン名は, 次のとおりです.

```
www.maruzen.co.jp
```

ここで,
 www.maruzen：丸善のサーバ名
 co：company の略. 民間企業という意味.
 jp：国別ドメイン名. 日本.

このドメイン名に引き続き, ファイル名が記述されます. これらの全体を URL といいます. ドメイン名では国の識別子が重要です. これを参考にすると, 英語圏と非英語圏の区別ができるからです. ただし, nifty.com のようにアメリカのドメイン名でも, 中身は日本ということもあるので, 一応の目安と考えてください.

1998 年に, ICANN (Internet Corporation for Assigned Names and Numbers) が設立され, 国際的なドメイン管理が行われています (表 2.2).

表 2.2 ドメイン名の検索サイト

http://www.bcpl.net/~jspath/isocodes.html
http://www.ics.uci.edu/pub/websoft/wwwstat/country-codes.txt

at Austria オーストリア	in India インド
au Australia オーストラリア	it Italy イタリア
be Belgium ベルギー	jp Japan 日本
br Brazil ブラジル	kr South Korea 韓国
ca Canada カナダ	nz New Zealand ニュージーランド
ch Switzerland スイス	Pt Portugal ポルトガル
cn China 中国	ru Russian ロシア
de Germany ドイツ	se Sweden スウェーデン
dk Denmark デンマーク	sg Singapore シンガポール
fi Finland フィンランド	th Thailand タイ
fr France フランス	tw Taiwan 台湾
hk Hong Kong 香港	uk United Kingdom 英国

ランク付け

 Google検索 ボタンをクリックすると，検索条件に一致した Web ページが，優先順位の高い順に表示されます．優先順位の判定には，**PageRank**™ と呼ばれる Web ページのランク付け技術が使用されています．

従来は，検索フィールドに入力された語句がタイトルなど先頭のほうにあるとか，指定された語句がたくさん使われているとか，静的な条件が使われていました．これに対して，Web ページ相互のリンク関係という動的な条件に注目したところに Google の特徴があります．

ほかの Web ページからリンクされることが多ければ多いほど，内容の信憑性も高いという経験則に基づいています．たとえば，論文の場合，引用される回数の多い論文ほど高い評価を受けるのと同じ理屈です．

このような相互のリンク関係は，日々更新されるので，ランク付けも変わることに注意してください．

キャッシュ

キャッシュ をクリックすると，Web ページが Google のデータベースに保存された時点での内容が表示されます．元の Web ページの URL は，キャッシュの先頭に表示されます．

キャッシュ をクリックすると，入力した単語がカラー表示されるので，単語の用例が簡単に見つかるので便利です．従来，AltaVista や Fast Search では，Ctrl + F でページ内を検索しなければならなかったので，非常に不便でした．

【例】

Global Warming: Early Warning Signs

Global Warming:Early Warning Signs. ... An increasing body of observations gives a collective picture of a warming world and other changes in the climate system.
www.climatehotmap.org/ - 18k - キャッシュ - 関連ページ

ここをクリックする

用法がわかる

While North America and Europe—where the signal is strongest—exhibit the highest density of indicators, scientists have made a great effort in recent years to document the early impacts of global warming on other continents. Our map update reflects this emerging knowledge from all parts of the world.

キャッシュ をクリックすると，入力した「global warming」という語句がカラー表示されるので，簡単に見つけることができます．ここでは，［impacts of global warming on other continents］という用法がわかります．「地球温暖化がほかの大陸に与える初期の影響を文書のまとめる努力をしている」という意味もわかります．

【キャッシュとは】

キャッシュ（cache）は，コンピュータの世界で，一時記憶装置の意味で使われています．ここでは，GoogleがWebページを保存しているデータベースのことを指します．なお，カタカナでは同じ表記になりますが，英語には次の2つのスペルがあり，それぞれ意味が違います．

cash: 現金
cache: 貯蔵所，貯蔵物（<= こちらの意味）

関連ページ

関連ページをクリックすると，検索結果に関連したページが自動的に検索されます． たとえば，「燃料電池」と入力してウェブをクリックすると，約12万件ヒットします．ここで，関連ページをクリックすると，31件ヒットし，燃料電池開発情報センターや民間企業各社のWebページが表示されます．本書ではあまり使いませんが，関連知識を広げるには便利です．

I'm Feeling Lucky

このボタン（図2.3）をクリックすると，検索結果のトップにランクされたWebページが自動的に開きます．検索結果のリストが表示されないので，本書では使いません．

図2.3　I'm Feeling Lucky

2.4 イメージ検索

Googleのヘルプによると，2003年6月時点で2億5,000万以上の画像が検索できるとのことです．具体的なものは，画像を見比べると，違いがよくわかります．イメージ検索をする場合は，次の イメージ をクリックします（図2.4）．

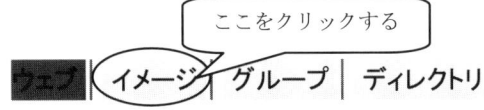

ここをクリックする

ウェブ｜イメージ｜グループ｜ディレクトリ

図2.4　イメージ検索

【例 「candy」とは】

　ポケットに入れておいたチョコレートが溶けていることに気がついたのが，電子レンジの発明のきっかけだといわれています．英文でチョコレートを「candy bar」と表現しているサイトがいくつもあります．「candy bar」と「チョコレート」は同じものなのでしょうか．

⇒ 「candy bar」と入力し， イメージ をクリックすると，6,070件ありました．表示された画像を眺めると，チョコレートを使ったものがたくさんあることがわかります．日本語の「キャンディ」とは少し違うようです（図2.5）．

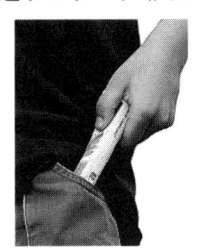

図 2.5　Candy Bar

出典　　左：www.burlingtonpaper.com/ creative/candybar.asp
　　　　中：www.caotech.com/ applications.htm
　　　　右：www.familybiblehour.com/ kids/chapter10.html

［イメージ検索］で表示される画像には，著作権で保護されているものもあります．レポートや論文などで利用する場合は，URL を明示する必要があります．もちろん，画像の所有者に問い合わせればよいのですが，所有者から返事が来ない場合は，出典として URL を明示することが大切です．

［イメージ検索］は英語の訳語選択に応用できます．また，よく意味のわからない単語が出てきた場合に，画像で確認し，訳語を考える際にも役立ちます．詳細は第 4 章で扱います．

2.5 グループ検索

ニュースグループに投稿されたメッセージが検索できます（図 2.6）．Google のヘルプによると，1981 年以降，7 億以上のメッセージが保存されているとのことです．

図 2.6 グループ検索

たとえば，日本語で「燃料電池」と入力して，グループボタンをクリックすると，430 件ヒットしました．

ここで，「ニュースグループ」というのは，パソコン通信の掲示板のようなものだと考えればよいでしょう．掲示板に投稿する文章には，誤字や脱字などが含まれていることが多いので，本書ではあまり使用しません．

2.6 ディレクトリ検索

ディレクトリ（図 2.7）には，人手により選別されたページが集められています．Google のヘルプによると，ページ数は 150 万を超え，この作業に約 2

万名以上のボランティアが協力しているとのことです．

たとえば，「英和辞書」と入力して，ディレクトリボタンをクリックすると，19 件ヒットしました．

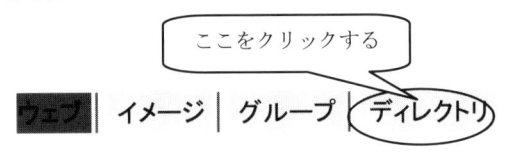

ここをクリックする

ウェブ｜イメージ｜グループ｜ディレクトリ

図 2.7 ディレクトリ検索

なお，ディレクトリのページ数（150 万ページ）は，通常のウェブ検索（30 億ページ）から見ると，非常に少ない値です．したがって，本書ではあまり使用しません．

2.7 まとめ

Google の検索画面を紹介しながら，基本的な利用法について説明しました．インターネットを表現辞典として利用するための注意点とポイントをまとめておきましょう．

- 本書では，［ウェブ検索］と［イメージ検索］を使用します．

- ヒット件数を比較する場合は，フレーズ指定にします．
  フレーズ指定あり：固める（**半角の二重引用符**で囲む）
  フレーズ指定なし：ばらばらで検索（そのまま入力する）

- キャッシュをクリックすると，入力した単語がカラー表示されるので，単語の用例が簡単に見つかるので便利です．

そのほか，Googleでは，次の点に注意が必要です．

- 検索単語が10語以内に制限されています．
（10語を超えた場合，それ以降の単語は検索対象から除外されます）．
- 大文字と小文字を区別しません．
- 単数形と複数形を区別します．

次の章では，高度なテクニックを紹介します．

第 3 章
Googleを活用するための高度なテクニック

　この章では，ワイルドカード，コマンド，特殊な記号を利用する高度なテクニックを紹介します．

〔目　次〕
- 3.1 丸括弧とOR指定 30
- 3.2 ワイルドカード 32
  - ワイルドカードとは 33
  - プラス記号 34
  - マイナス記号 36
- 3.3 コマンド 36
  - 用語集の指定 37
  - 定評のある文献の指定 37
- 3.4 まとめ 41

3.1 丸括弧と OR 指定

Google が単数形と複数形を区別することは，第 1 章で説明しました．ここでは，具体例を挙げて詳しく説明します．たとえば，「search engine」について検討してみましょう（表 3.1）．

表 3.1 単数形と複数形の区別

	検索文字列	ヒット件数	コメント
単数形	`"search engine"`	4,200,000 件	フレーズ指定あり
複数形	`"search engines"`	3,470,000 件	

表 3.1 から，Google が単数形と複数形を区別していることがわかります．また，単数形と複数形がほぼ同じぐらいあることもわかります．

ここで，表示された用例を眺めると，次のような例があることに気がつきます．

- the **search engine** world
- Daily **search engine** news
- **search engine** index
- **Search Engine** Promotion
- **Search Engine** Optimization

> 名詞を修飾する名詞は，**単数形**になる．

これらの用例で，「search engine」は，後ろにくる名詞（world や news など）を修飾しているので，単数形が使われています．単独で主語や目的語に使われている場合は，複数形がかなり多くなるものと推測できます．

> Google では，後ろに名詞がくるかどうかの指定はできない．

Google は，検索対象の単語の後ろに名詞がくるかどうかを指定することはできません．単数形と複数形の両方を検索対象に含める方法を紹介しましょう（表

3.2).

表 3.2 単数形と複数形を検索対象に含める方法

	検索文字列	ヒット件数
(1)	"search engine" OR "search engines"	4,700,000 件
(2)	"search (engine OR engines)"	4,930,000 件
(3)	"search (engines OR engine)"	4,960,000 件

　(1)は，単数形と複数形についてそれぞれをフレーズ指定にし，OR でつなぐやり方です．(2)と(3)は，単数形と複数形を OR でつなぎ，両方を丸括弧で囲むやり方です．

　ここで，(単数形 OR 複数形)と(複数形 OR 単数形)とで，ヒット件数が少し異なることがあります．これは，入力する位置が異なる事実を Google が考慮しているためです．

　ここでいうヒット件数はファイルの個数であり，あくまで使用頻度の近似値として便宜的に使用しています．Google 自身も，「約○○件」のように概数であることを明示しています．いずれにしても，本書では，この程度の誤差は頻度比較の目的では無視できると考えています．

　現在の Google では，検索単語が 10 語までに制限されているので，入力語数を節約するテクニックとして，(2)と(3)が役立つと思います．

　なお，「OR」と大文字で記述し，前後を半角の空白を入れることに注意してください．「or」と小文字で記述すると，この機能は利きません．

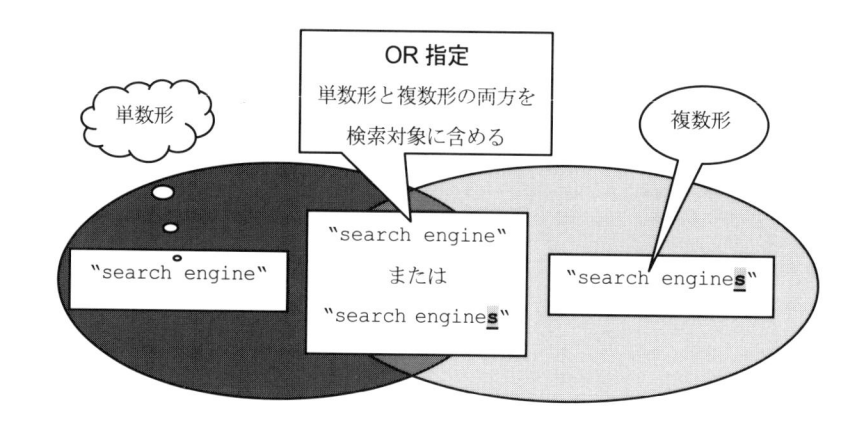

図3.1 (単数形 OR 複数形) 指定

3.2 ワイルドカード

Google では，ワイルドカード（wild card）が使えます．次の構文で指定します（表3.3）．

表3.3 ワイルドカード

入力文字	説明	コメント
*	半角のアスタリスク	任意の1単語に相当する

ここで，アスタリスクの前後に半角の空白を入れると覚えておきましょう．2003年6月時点では，前後の空白の有無は無視されていますが，2002年12月時点では，前後の空白が必要でした．

なお，Google のヘルプでは，ワイルドカードは使えないと説明されていますが，実際には使えます．しかし，いわゆる前方一致の用法は，使えません．

ワイルドカードとは

wild は「野生的な」という形容詞です．たとえば，「wild animal」は「野生動物」です．これは人間の支配を受けないで自由に生きる動物を指します．これに対して，「wild card」は，人間が決めた規則に従わずに自由に使えるカードという意味で使われます．

たとえば，トランプの世界では，「ババ」がそうです．大リーグの世界では，所定の出場チーム以外に特別枠で参加できるチームのことです．コンピュータの世界では，アルファベットの任意の文字(文字列)のことをいいます．

AltaVista という検索エンジンでは，2種類のワイルドカードが用意されていました．任意の1文字を表す「?」と，文字列を表す「*」です．Google で使えるのは，アスタリスクだけで，任意の1単語を表します．

アスタリスクの個数を増やしながら，例文を調べるやり方を紹介します（表3.4）．

表 3.4　ワイルドカードの使用例

個数	検索文字列	ヒット件数
ゼロ	"the most (problem OR problems)"	23,000 件
1個	"the most * (problem OR problems)"	488,000 件
2個	"the most ** (problem OR problems)"	167,000 件
3個	"the most *** (problem OR problems)"	97,300 件

表 3.4 では，単数形と複数形の両方を含める形で検索しています．私の訳文を添えて用例をいくつか紹介します．

［アスタリスクがゼロ個の場合］
- the most problems on their database
  データベースで最大の問題

- the most problem-free vehicles
    最も欠陥のない車
 ［注］［problem-free］は，［free from problems］の簡略形．

［アスタリスクが 1 個の場合］
- the most common problems people encounter
    人々が出会う最もよくある問題
- One of the most critical problems facing contemporary society
    現代社会が直面する最も重大な問題

［アスタリスクが 2 個の場合］
- the most common eating problems
    最もよく見られる食生活上の問題
- the most effective, intelligent problem-solving tool
    最も効果的でインテリジェントな問題解決ツール

［アスタリスクが 3 個の場合］
- the most offensive and serious problems on the net
    ネット上で起きる最も迷惑で深刻な問題
- the most exciting and challenging problems in earth history
    地球の歴史上で最も興味深くやりがいのある問題

このようにアスタリスクの個数を増やしながら用例を調べると，さまざまな形容詞を見つけることができます．

プラス記号

英語の場合，冠詞や前置詞など短い単語が検索対象から除外されることがあります．これを検索対象に含めるには，各語の先頭に半角のプラス記号をつける必要があります．ここでプラス記号の効果について実験してみましょう（表 3.5）．

表 3.5 "labor"と"labour"

検索文字列	ヒット件数	コメント
labor	16,000,000 件	"labor"と"labour"は区別している
+labor	16,000,000 件	
labors	399,000 件	
labour	7,100,000 件	
+labour	7,100,000 件	
labours	197,000 件	

表 3.5 から，Google は，単数形と複数形だけではなく異表記も区別していることがわかります．以前は，Infoseek のように，"labor"と"labour"を区別しない検索エンジンもありました．

日本語の場合は，たとえば，「コンピュータ」と入力すると，「コンピューター」も検索対象に含まれます．先頭に半角のプラス記号を付けると，長音記号の有無が区別されます．「デジタル」と「ディジタル」のような異表記も同じ扱いになります（表 3.6）．

表 3.6 「コンピュータ」と「コンピューター」

検索文字列	ヒット件数	コメント
コンピューター	162,000 件	長音記号はほぼ無視している
コンピュータ	165,000 件	
+コンピューター	777,000 件	長音記号の有無を区別している
+コンピュータ	2,690,000 件	

表 3.6 から，Google が日本語の長音記号をほぼ無視していることがわかります．これを区別するには，先頭にプラス記号を付ける必要があります．

> 表現辞典として利用するためには，検索文字列の入力法に注意が必要です．

もう1つ紹介しましょう（表3.7）．

表3.7 「デジタル」と「ディジタル」

検索文字列	ヒット件数	コメント
デジタル	329,000 件	ほぼ同じ数字
ディジタル	333,000 件	
+デジタル	2,880,000 件	はっきり区別されている
+ディジタル	162,000 件	

表3.7から，「デジタル」と「ディジタル」は，どちらを入力しても，同じものと見なして曖昧検索している事実がわかります．これを表現検索として利用するには，先頭にプラス記号を付ける必要があります．

マイナス記号

特定の語句を検索対象から除きたい場合のほかに，マイナス記号をコマンドの指定にも応用できます．たとえば，次のようにします．

```
-filetype:pdf     PDFファイルを除外する
-site:jp          日本サイトを除外する
-"candy bar"      特定の語句を除外する
```

3.3 コマンド

Googleでは，特殊なコマンドを指定することができます（表 3.8）．コマンドの方法については，『Google Hacks』〔注〕を参考にしました．

〔注〕Tara Calishain, Rael Dornfest, 山名早人監訳, 田中裕子訳,
『Google Hacks －プロが使うテクニック & ツール100選』, オライリー, 2003年8月発行, ISBN4-87311-136-6.

表3.8　特殊なコマンド

コマンド	使用例	コメント
site:	site:jp	サイト指定
inurl:	inurl:faq	URL指定
intitle:	intitle:glossary	タイトル指定
filetype:	filetype:pdf	ファイルの種類指定

用語集の指定

英英辞典に記載されていない用語の意味を知りたい場合は，次のコマンドが役立ちます（表3.9）．

表3.9　タイトル指定のコマンド

構文	intitle:*文字列*
コメント	*文字列部分に*, glossary, dictionary, "about xx"*などと指定します．*

［注］glossary は「用語集」，dictionary は「辞書」という意味です．

"about xx"は，「xx について」という意味です．xx のところに語句を指定します．

初心者向けに解説してあるサイトを探す場合は，次のコマンドを指定します（表3.10）．

表3.10　URL指定のコマンド

構文	inurl:*文字列*
コメント	*文字列部分に*，faq，glossary，*などと指定します．*

［注］faq: frequently asked questions の略．「よく尋ねられる質問」という意味です．

定評のある文献の指定

インターネットで公開されている英文には，書籍として出版される英文と比較すると，誤字や脱字が多くみられます．また，内容の信憑性に問題のある英文もあります．

実際に英文を書く場合，定評のある文献を参考にすることも大切です．たとえば，科学技術系の英文雑誌としては，次のサイトが利用できます．

【米英の科学雑誌】
- Nature
  http://www.nature.com/
  英国『ネイチャー』出版グループ発行の「商業誌」．専門家向けの学術雑誌．
- Science
  アメリカ科学振興協会（AAAS）発行の「協会誌」．専門家向けの学術雑誌．
  http://www.aaas.org/
- Scientific American
  サイエンティフィック・アメリカン社発行の「商業誌」．一般向け科学雑誌．
  http://www.sciam.com/

それぞれのサイトにアクセスして検索することもできますが，次のように指定すると，Google から用例を検索することができます（表 3.11）．

表 3.11 サイト指定のコマンド

構文	site:アドレス
コメント	アドレス部分に，英文雑誌の URL を指定します．

具体例をいくつか紹介しましょう（表 3.12）．

表 3.12 サイト指定の例

フレーズ検索とサイト指定	ヒット件数
"Global warming"△site:nature.com	593 件
"Global warming"△site:aaas.org	405 件
"Global warming"△site:sciam.com	169 件

[注] この表で，△は半角の空白を示します．

サイト指定のほかに，著作権表示を利用する方法もあります．定評のある科学技術雑誌のオンラインサイトでは，通常，ページの最後にある[©]表示で著作権を示しています．この[©]表示の後ろに記述されている文字列を利用する方法を紹介しましょう．

たとえば，著作権表示は，実際には次のように記述されています．
(1) Nature
　　©2003 Nature Publishing Group
(2) Science
　　Copyright 2003 by the American Association for the Advancement of Science. All rights reserved.
(3) Scientific American
　　©1996-2003 Scientific American, Inc. All rights reserved

ここで，著作権表示が各誌によって多少異なることに注意します．たとえば，(1)と(3)は，著作権表示の年が先頭に記述されています．特定の年に限定しない場合は，その後ろの文字列だけで十分でしょう．

これに対して(2)は，著作権表示の年が途中に記述されています．特定の年に限定しない場合は，ワイルドカードが役立ちます（表3.13）．

表3.13 著作権表示の利用

	検索文字列 ＋ 著作権表示文字列	ヒット件数
(1)	`"Global warming"△"Nature Publishing Group"`	378件
(2)	`"Global warming"△"Copyright * by the American Association for the Advancement of Science"`	164件
(2)	`"Global warming"△"Scientific American, Inc. All rights reserved"`	206件

［注］ここで，△は半角の空白を表します．

表 3.13 から，サイト指定の場合とヒット件数に違いがあることに気がつきます．また，(2)では，入力する単語数が 10 語を超えるため，" of Science"の部分が検索対象から除外された旨のメッセージが表示されます．

用例の URL を見ると，次のことがわかります．

(1)の場合，www.nature.com/ 以外にもさまざまなサイトがある．
 www.usgcrp.gov/, www.natureasia.com/, www.natureevents.com/
(2)の場合，www.aaas.org/以外にもさまざまなサイトがある．
 www.sciencemag.org/, carbonsequestration.us/,
 www.geol.vt.edu/
(3)の場合，www.sciam.com/以外にもさまざまなサイトがある．
 www.sino-eco.org/, www.ruf.rice.edu/, www.iclei.org/

本書では，どちらの方法がよいかというのではなく，定評のあるサイトであれば，信頼性も高いという前提で用例を探すコツを紹介しています．ヒット件数は参考程度に挙げておきました．

いずれにしても，単に，"nature", "Science", "Scientific American"という文字列を追加するだけでは，必ずしも各誌のサイトであるとは限りません．著作権表示の文字列に目をつけたところがミソです．

【Scientific American の用例】
 Global Warming refers to the increase in the globally averaged atmospheric temperature (at the Earth's surface) that scientists think will occur because of increasing atmospheric greenhouse gases, primarily carbon dioxide.
 www.sciam.com/askexpert_question.cfm?articleID=000CDCD1-DEC5-1C71-9EB7809EC588F2D7
 地球温暖化は地球（地表）の平均気温の上昇を指す．専門家によると，主として二酸化炭素などの大気温室ガスの増加が原因だと言われている．

3.4 まとめ

この章で紹介した要点をまとめておきましょう.

- 単数形と複数形を検索対象に含める指定方法

構文	使用例
(単数形 OR 複数形)	`"search (engine OR engines)"`

- ワイルドカード指定

入力文字	説明	コメント
`*`	半角のアスタリスク	任意の1単語に相当

- コマンドの一覧

コマンド	使用例	コメント
`site:`	`site:jp`	サイト指定
`inurl:`	`inurl:faq`	URL指定
`intitle`	`intitle:glossary`	タイトル指定
`filetype:`	`filetype:pdf`	ファイルの種類指定

- 記号の一覧

記号	説明	意味
+	半角のプラス記号	英語は, 検索対象に含める
+	半角のプラス記号	日本語は, 完全一致で検索
-	半角のマイナス記号	検索対象から除外する
" "	半角の二重引用符	フレーズ指定で固める
OR	大文字	どちらかを含む
( )	半角の丸括弧	ORと併用して固める

そのほか，Nature や Science など定評のある科学技術雑誌から用例を検索する手法も紹介しました．

定評のある科学技術雑誌から用例を検索する手法

- コマンドの使用
  例：`"Global warming"△site:nature.com`
- 著作権表示の利用
  例：`"Global warming"△"Nature Publishing Group"`

これは科学技術だけに限るものではありません．自分の研究分野に関連した雑誌のサイトや著作権表示を利用すれば，その分野で定評のある用例を簡単に見つけることができます．

これで基礎編は終わりです．次の演習編で，具体例を通して練習します．

第 2 部
演 習 編

第2部では,英訳と和訳の演習を行います.

第 4 章
画 像 検 索

この章では，Google の「イメージ検索」を利用します．

〔目　次〕
- 4.1 課題文 46
  - 翻訳ソフトで試す 46
  - Google で確かめる 47
  - 日本語を修正する 47
  - ヘルメットの訳語は？ 47
  - Google のイメージ検索 48
  - 名詞の単複と前置詞の選択 49
  - ドメイン名のチェック 50
  - 用例の検索 50
  - 義務規定の英語表現 52
  - 不自然な表現の研究 52
- 4.2 まとめ 54

46 第 2 部　演習編

4.1 課題文

次の課題文を英訳してみましょう．

［課題文］
建設現場では，ヘルメットと安全靴の着用が義務付けられている．

まず，翻訳ソフトで試してみます．次に，訳語選択で画像検索を利用します．この演習を通じて，翻訳ソフトと Google の使い方について学習します．

翻訳ソフトで試す

Excite の翻訳サイトで，課題文を入力すると，あっという間に，次の訳文が表示されます．

［MT 訳 1］
建設現場では，ヘルメットと安全靴の着用が義務付けられている．
On the construction site, <u>a duty of wear of a helmet</u> and safety shoes is imposed.
［注］以下の説明で，翻訳ソフトの訳例を「MT 訳」と呼ぶことがあります．

原文と照合しながら検討すると，原文の構文と字句に忠実に訳されていることがわかります．しかし，少しへんなところがあります．

たとえば，上記の下線部に疑問を感じられれば，かなり英語力があるといえます．次の英語は，実際に使われているのでしょうか．

　　　原文　　　　　ヘルメットの着用の義務
　　　MT 訳　　　　a duty of wear of a helmet

Google で確かめる

「a duty of wear」という表現が実際に使われているかどうか，Google で調べればすぐわかります．次のようにフレーズ指定で検索すると，ゼロ件でした（表 4.1）．

表 4.1 用例の確認

検索文字列	ヒット件数	コメント
"a duty of wear "	0 件	フレーズ指定

［注］全体を半角の二重引用符で囲むとフレーズ指定になります．

表 4.1 から，「a duty of wear」という表現が使われていないことがわかります．ここでは，この事実を確認するだけにしておきましょう．翻訳ソフトで結果がへんな場合，入力する日本語を少し修正すると，うまくいくことがあります．

日本語を修正する

たとえば，次のように修正すると，自然な訳文が出力されます．

［MT 訳 2］
建設現場では，ヘルメットと安全靴を着用しなければならない．
On a construction site, you have to wear a helmet and safety shoes.

この訳文を見ると，原文にはない主語が補われていることがわかります．「義務付ける」と「しなければならない」とは，多少ニュアンスは違いますが，基本的な意味は同じですから，この訳文で一応 OK ということにします．

ヘルメットの訳語は？

「ヘルメット」の訳語として，三省堂の Exceed には「helmet」しか記載されていませんが，研究社の英和中辞典には，次の 2 つの候補が記載されています．

・helmet
・hard hat

建設現場でかぶる「ヘルメット」で，どちらの訳語がいいのでしょうか．そのような場合，Google の画像検索が役立ちます．

Google のイメージ検索

Google の検索サイトは，次の [ウェブ] に設定されています．ここで，隣の [イメージ] をクリックすると，イメージ検索ができるようになります (図 4.1)．

図 4.1　イメージ検索

ここで，「helmet」と入力して，Google 検索をクリックすると，次のような画像が表示されます．引き続き，「hard hat」で検索してみましょう (図 4.2)．

[helmet]　　　　　　　　　　　　[hardhat]

図 4.2　helmet と hardhat の画像

出典　　helmet 左　　: www.motoworldracing.com/off-road-specials.html
　　　　helmet 右　　: www.americanplasticscouncil.org/benefits/in_your_life/p...
　　　　hardhat 左　　: www.mdcresearch.com/clients.htm
　　　　hardhat 右　　: www.american-workwear.com/safety.htm

表示された画像を見比べると，次のような相違に気がつきます．

- helmet: オートバイに乗る人やアメリカン・フットボールの選手がかぶるヘルメット．中世の騎士の鉄仮面など．
- hard hat: 工事現場で作業者がかぶる完全帽．

建設現場で着用する「ヘルメット」の訳語としては，「hard hat」のほうがよいことがわかります．これを踏まえて，先ほどの［MT 訳 2］を修正し，語順を入れ替えてみましょう．これで，一応，通じる英語になりました．

［試訳 1］

You have to wear a **hard hat** and safety shoes on a construction site.

この［試訳 1］で，一応，通じる英語になりましたが，さらに，検討を進めてみましょう．

名詞の単複と前置詞の選択

ここで「建設現場」は特定の建設現場ではなく，一般論として述べていると考えられるので，無冠詞複数形にします（第 1 章を参照）．次に，「建設現場では」の前置詞について検討しましょう．

場所を表す前置詞には，in, on, at があります．前置詞のヒット件数を比較すると，次の結果が得られました（表 4.2）．

表 4.2 場所の前置詞

前置詞	検索文字列	ヒット件数
on	"on construction sites"	23,000 件
at	"at construction sites"	17,100 件
in	"in construction sites"	1,830 件

表 4.2 から，「on」と「at」がよく使われていることがわかります．in はそれ

より1桁以上も少ないので，避けたほうがよさそうです．

ドメイン名のチェック

in が使われている用例の出典を調べてみましょう（表 4.3）．

表 4.3 ドメイン名のチェック

出典（URL）	国別ドメイン名	国名
www.afcd.gov.**hk**/	hk	Hong Kong	香港
www.epd.gov.**hk**/arch.hku.hk/			
www.cesec.ufpr.**br**/	br	Brazil	ブラジル
www.pcc.usp.**br**/			
unionsafe.labor.net.**au**/	au	Australia	オーストラリア
www.workershealth.com.**au**			
www.hsa.**ie**/	ie	Ireland	アイルランド
english.bad-gmbh.**de**/	de	Germany	ドイツ
www.env.gov.**sg**/	sg	Singapore	シンガポール

表 4.3 から，「in」が使われている用例には，英語圏以外の国が一部含まれていることがわかります．これを踏まえると，次のようにするほうがよさそうです．

［試訳 2］

You have to wear a hard hat and safety shoes on construction **sites**.

用例の検索

同じような文脈で使われている英語の用例があれば，安心です．早速，課題文に近い用例を探してみましょう．次のように入力して検索します．

"hard hats"△"safety shoes"△"construction sites"

ここで，次の点に注意します．
- それぞれの用語を無冠詞複数形にする．
- 複数の単語からなる語句はフレーズ指定にする．
- それぞれのフレーズ間を半角の空白で区切る．

△は半角の空白を表す．

私の試訳を添えて，用例をいくつか紹介しましょう．

【Webの用例】

- Hard hats must be worn on all construction sites, in confined spaces, and overhead work.
  hillbrothers.com/handbook/ppe.htm
  建設現場，坑内，高架作業では，ヘルメットを必ず着用しなければならない．

- Hard hats should always be worn in warehouses and must be worn on construction sites.
  www-admin.ldeo.columbia.edu/internal/
  safety/PROTECTIVE%20EQUIP.htm
  ヘルメットの着用は，倉庫内では常時推奨，建設現場では必須義務と規定されている．
  ［注］shouldは推奨規定，mustは義務規定を表します．

このように実際に使われている用例を参考にして，次の訳文に修正します．

［試訳3］
Hard hats and safety shoes must be worn on construction sites.

先ほどの［試訳2］は少し口語的ですから，文書の翻訳としては，このほうが無難でしょう．

義務規定の英語表現

義務規定の英語表現には，次のレベルがあります．

(1) Hard hats **shall** be worn on construction sites.
(2) Hard hats **should** be worn on construction sites.
(3) Hard hats **must** be worn on construction sites.
(4) Hard hats **are required** on construction sites.

それぞれの表現には，原則として，次のような相違があります．

(1)と(2)は，規格や仕様書など，法律的な文書で使われます．
　(1)は**義務規定**．「…するものとする」と訳す．違反すれば罰則が課される．
　(2)は**推奨規定**．「…することが望ましい」と訳す．特に法的な罰則はない．
(3)と(4)は，**一般的な義務規定**．「…しなければならない」と訳す．

実際の翻訳では，文書の種類や目的を確かめて適切なレベルを選択する必要があります．この課題文のように，特に文脈上の指定がない場合は，(3)がお勧めでしょう．

不自然な表現の研究

先ほど，「a duty of wear」のヒット件数がゼロであることを紹介しました．ところが，次の形で検索し，ヒット件数を調べなおすと，次の結果が得られました（表 4.4）．

表 4.4　duty の表現

検索文字列	ヒット件数	コメント
"a duty of wear "	0 件	実例なし
"a duty is imposed"	1,170 件	実例多い
"a duty to wear "	68 件	実例が少しある

いくつかの用例について，筆者の試訳を添えて紹介しましょう．

【「a duty is imposed」の用例】
用例から，「税金を課す」のほかに「義務を課す」という用例もあることがわかります．ただし，法的な文書に限られているようです．

- A duty is imposed on tobacco products imported by a returning resident under the traveller's allowance.
  www.fin.gc.ca/news01/data/01-095_1e.html
  帰国者が持ち帰るタバコ製品には，旅行者の免税規定に基づいて税金が課される．

【「a duty to wear」の用例】
用例から「義務付ける」という意味で使われていることが確認できます．ただし，かなり堅苦しい文書のようです．

- The employee has a duty to wear the ear protectors provided and report any defects.
  www.stocksigns.co.uk/pdfs/2003/50.pdf
  作業員は，支給されたイヤー・プロテクターを着用し，何か欠陥があれば報告しなければならない．

- ... the statute imposes a duty to wear a safety belt only upon drivers and adult front-seat passengers...
  www.garanlucow.com/sbelt.htm
  運転者と前部座席の大人には，安全ベルトの着用が法律で義務付けられている．

このような調査結果から，翻訳ソフトの結果は，まったく意味不明だと退けることはできません．次のように一部修正すれば，少なくとも文法的には正しい訳

文になります．

[MT 訳 1]
On the construction site, <u>a duty of wear of</u> a helmet and safety shoes is imposed.

[MT 訳 1 の修正]
On the construction site, <u>a duty to wear</u> a helmet and safety shoes is imposed.

4.2 まとめ

もう一度，課題文と試訳を示します．

[課題文]
　建設現場では，ヘルメットと安全靴の着用が義務付けられている．

[試訳]
　(1) You **have to** wear a hard hat and safety shoes on construction sites.
　(2) Hard hats and safety shoes **must** be worn on construction sites.
　(3) Hard hats and safety shoes **are required** on construction sites.

ここで，
　(1)は口語的な表現．(2)が一般的な表現．(3)が実務的にはお勧めの表現です．
　(3)で，"wear"は明示的に書かなくても十分意味が伝わります．
　(1)は，主語が you なので，不定冠詞を使用しています．
　(2)と(3)は，一般論として，人間の主語を明示しないで，受動態にしています．

この章では，次のことを学習しました．

- ヘルメットの訳語選択では，Google の**イメージ検索**が役立ちます．
  ⇒ イメージ（画像）を見れば，違いが直感的にわかります．

- 翻訳ソフトでは，入力する**日本語を修正する**とうまくいくことがあります．
  ⇒ 単語の係り受けを明確にすれば，それなりに訳してくれます．

- **フレーズ指定**で**ヒット件数**を調べると，適切な前置詞を選択できます．
  ⇒ ヒット件数がゼロであれば，あまり使われていないと判断できます．

そのほか，次のテクニックが役立つことも学びました．

- 取りあえず，丸ごとフレーズ指定で検索してみる．
- ヒット件数がゼロであれば，フレーズ指定を解除して検索をやり直す．
  例： `"a duty of wear is imposed "`　　ゼロ件
  　　　`duty wear imposed`　　　　　　10万件以上
- 用例を調べると，「a duty is imposed」「a duty to wear」が使われていることがわかる．

このようにすると，インターネットを生きた表現辞典として活用できるようになります．

引き続き，次の第5章で英訳の演習を続けます．

第 5 章
燃 料 電 池 車

　第4章に引き続き，英訳の演習を続けます．この章では，Googleのワイルドカードを利用します．

〔目　次〕
- 5.1 課題文 58
  - 翻訳ソフトで試す 58
  - 日本語を修正する 58
  - 「燃料電池車」の訳語は 59
  - 「電気で走る」の前置詞は 60
  - ワイルドカードを利用する 61
  - 「酸素と水素の化学反応」の前置詞は 62
  - 「化学反応」の冠詞は 63
  - 「発生させる電気」の動詞は 64
- 5.2 まとめ 66

5.1 課題文

次の課題文を英訳してみましょう．

〔課題文〕
燃料電池車は，水素と酸素の化学反応により発生させる電気で走る．

まず，翻訳ソフトで試してみます．次に，訳語選択，前置詞の選択についてヒット件数を比較します．この演習を通じて，翻訳ソフトと Google の使い方について学習します．

翻訳ソフトで試す

まず，Excite の翻訳ソフトの訳例を紹介しましょう．

［MT 訳 1］
A fuel cell vehicle runs by electricity <u>which makes it generate</u> <u>by</u> the chemical reaction <u>of</u> hydrogen and oxygen.

この MT 訳で，次の箇所に注目します．

原文	発生させる
MT 訳	makes it generate

この英語がへんだと気がつけば，英語を見る目が確かであることの証明になります．逆に，これをへんだと思わない人は，英語を読む努力が足りません．

日本語を修正する

日本語の「発生させる」は，英語の他動詞を使えば表現できると考えられれば，解決に向けて一歩近づいたことになります．たとえば，日本語を次のように修正すると，翻訳結果が次のように変わりました．

[MT 訳 2]
燃料電池車は，水素と酸素の化学反応により発生する電気で走る．
A fuel cell vehicle runs by electricity generated by the chemical reaction of hydrogen and oxygen.

これで一応は読める英語になりました．翻訳ソフトで，入力する日本語を少し修正するだけで，一応，読める英語が得られました．このMT訳をベースに，さらに細かく検討しましょう．

「燃料電池車」の訳語は

翻訳ソフトは，「燃料電池車」を「fuel cell vehicle」と訳しています．この訳語でいいのでしょうか．たとえば，「英辞郎」を引くと，次の2つの訳語の候補が見つかります．

a fuel cell vehicle
a fuel cell car

どちらの訳語がよいのでしょうか．このような疑問には，Googleでヒット件数を比較してみればわかります．ただし，Googleは単数形と複数形を区別するので，少し工夫が必要になります（表5.1）．

表5.1 「燃料電池車」の訳語

検索文字列	ヒット件数
"(vehicle OR vehicles)"	7,180,000 件
"(car OR cars)"	6,800,000 件
"fuel cell (vehicle OR vehicles)"	53,500 件
"fuel cell (car OR cars)"	22,200 件

表 5.1 から,「車」の訳語として「vehicle(s)」と「car(s)」のヒット件数はほぼ同じですが,「燃料電池車」の訳語としては「fuel cell vehicle(s)」のほうが多いことがわかります.

したがって,翻訳ソフトの訳語選択が適切であると判定できます.ただし,ここでは,一般論として述べているので,無冠詞複数形にします(第 1 章を参照).

「電気で走る」の前置詞は

ここで,日本語を修正した翻訳ソフトの訳例をもう一度,ここに示します.

[MT 訳 2]

A fuel cell vehicle runs by electricity generated by the chemical reaction of hydrogen and oxygen.

ここで,次の箇所に注目しましょう.

原文	電気で走る
MT 訳	runs by electricity

この英語で,前置詞は「by」でよいのでしょうか.この問題は,次のようにして検索すると,簡単に確かめられます(表 5.2).

表 5.2　runs by electricity

検索文字列	ヒット件数
"runs by electricity"	66 件

表 5.2 から,「by」が実際に使われていることが確認できます.ほかになにか適切な前置詞はないのでしょうか.Google には,ワイルドカードという面白い機能があります.

ワイルドカードを利用する

「by」のほかになにか適切な前置詞はないのでしょうか．このような疑問には，次のように指定して検索すると，前置詞の候補が見つかります（表 5.3）．

表 5.3　ワイルドカード

検索文字列	ヒット件数	コメント
"runs * electricity"	2,350 件	ワイルドカード指定

ワイルドカードを指定して検索すると，表示された用例から，次の 3 つの前置詞が候補として考えられます．

　on, through, by

次に，それぞれの前置詞を含めた形でフレーズ指定にして検索すると，次の結果が得られました（表 5.4）．

表 5.4　前置詞の選択

検索文字列	ヒット件数
"(run OR runs OR running) on electricity"	6,040 件
"(run OR runs OR running) by electricity"	1,070 件
"(run OR runs OR running) through electricity"	22 件

表 5.4 から，「on」が 1 番多いことがわかります．なお，run は，動詞の活用変化を考慮して，原形と 3 人称単数現在形と ing 形を検索対象に含める指定にしてあります．

「酸素と水素の化学反応」の前置詞は

翻訳ソフトの訳例で,主語と前置詞を修正した結果を示します.

[MT 訳の修正 1]

Fuel cell vehicles run on electricity generated by the <u>chemical reaction of hydrogen and oxygen</u>.

ここで,次の箇所に注目しましょう.

原文	酸素と水素の化学反応
MT 訳	chemical reaction <u>of</u> hydrogen and oxygen

前置詞は,「of」のほかに候補がないでしょうか.そのような場合も,ワイルドカードが役立ちます(表 5.5).

表 5.5 ワイルドカード

検索文字列	ヒット件数
"chemical reaction * hydrogen and oxygen"	1,500 件

ワイルドカード指定で検索された用例を眺めると,「between」が使われていることに気がつきます.「between」と「of」について,ヒット件数を比較してみましょう(表 5.6).

表 5.6 前置詞の選択

検索文字列	ヒット件数
"chemical reaction of hydrogen and oxygen"	110 件
"chemical reaction between hydrogen and oxygen"	1,300 件

表 5.6 から，［between... and ...］の構文のほうがたくさん使われていることがわかります．

以上の検討から，次のように訳文を修正します．

［MT 訳の修正 2］
Fuel cell vehicles run on electricity generated by the chemical reaction **between** hydrogen and oxygen.

「化学反応」の冠詞は
これまでの修正内容を反映した［MT 訳の修正 2］を示します．

［MT 訳の修正 2］
Fuel cell vehicles run on <u>electricity generated by the chemical reaction</u> between hydrogen and oxygen.　　(2)

ここで，次の箇所に注目しましょう．

| 原文 | 化学反応により発生させる電気 |
| MT 訳 | electricity generated by the chemical reaction |

まず，冠詞について，フレーズ指定で検索してみましょう（表 5.7）．

表 5.7　冠詞の選択

検索文字列	ヒット件数
"electricity generated by the chemical reaction between hydrogen and oxygen"	5 件
"electricity generated by a chemical reaction between hydrogen and oxygen"	3 件

64 第 2 部 演習編

　表 5.7 から，"chemical reaction" の冠詞については，定冠詞と不定冠詞のどちらもあることがわかります．それぞれの用例を挙げておきましょう．

- Fuel-cell electric vehicles run on <u>the</u> electricity generated by <u>the</u> chemical reaction between hydrogen and oxygen. (Nikkei)
  www.repp.org/discussion/ev/199807/msg01052.html

- Fuel-cell vehicles run on electricity generated by <u>a</u> chemical reaction between hydrogen and oxygen and do not emit pollutants.
  www.chemicalnewsflash.de/en/news/090101/news5.htm

　この 2 つの用例で，先頭の例は，日本の記事のようです．"run on <u>the</u> electricity" の部分は少し不安です．どちらも，課題文の英訳に参考になります．しかし，これ以外に表現はないのでしょうか．そのような場合は，ワイルドカードが役立ちます．

「発生させる電気」の動詞は

　アスタリスクの個数を増やしながら，検索すると，「発生する」に対応する動詞として，「generate」「produce」，前置詞として「by」「from」「through」などが使われていることがわかります（表 5.8）．

表 5.8　ワイルドカード

ワイルドカード指定	ヒット件数
"electricity * chemical reaction between hydrogen and oxygen"	6 件
"electricity ** chemical reaction between hydrogen and oxygen"	194 件
"electricity *** chemical reaction between hydrogen and oxygen"	68 件

この結果をまとめると，次のとおりです（表 5.9）．

表 5.9 前置詞の選択

検索文字列	ヒット件数
"electricity **generated by** (a OR the) chemical reaction"	35 件
"electricity **generated from** (a OR the) chemical reaction"	11 件
"electricity **generated through** (a OR the) chemical reaction"	8 件
"electricity **produced by** (a OR the) chemical reaction"	34 件
"electricity **produced from** (a OR the) chemical reaction"	9 件
"electricity **produced through** (a OR the) chemical reaction"	7 件

この表から，動詞の候補としては「generate」と「produce」が可能であり，前置詞は，by, from, through のどれでもよいことがわかります．このようにして見つけた用例をいくつか紹介しましょう．

【Web の用例】
- Other Japanese makers Toyota and Honda are also pushing ahead with fuel cell vehicles, which run on electricity **produced from** a chemical reaction between hydrogen and oxygen.
  www.cnn.com/2003/BUSINESS/asia/03/04/japan.nissan.biz/
- All the world's leading automakers are racing to produce fuel cell vehicles, powered by electricity **produced through** a chemical reaction between oxygen in the air and hydrogen stored in the car as fuel.
  www.hollandsentinel.com/stories/ 102501/bus_1025010048.shtml

5.2 まとめ

もう一度，課題文と試訳を示します．

［課題文］
　燃料電池車は，水素と酸素の化学反応により発生させる電気で走る．
［試訳］
　Fuel cell vehicles run on electricity generated by a chemical reaction between hydrogen and oxygen.

ここで，

- 主語の「燃料電池車」は，一般論として述べているので，無冠詞複数形にします．前後関係によっては，不特定の1台を取り上げて述べるという感じで，「A fuel cell vehicle」と不定冠詞単数形にすることもできます．特に，前の燃料電池車を指すのでない限り，定冠詞単数形「The fuel cell vehicle」や定冠詞複数形「The fuel cell vehicles」は避けます．

- 「水素と酸素の化学反応」は，［chemical reaction between A and B］の構文にします．「chemical reaction」の前置詞としては，「by」「from」「through」が可能です．冠詞には，定冠詞と不定冠詞のどちらでもよさそうです．無冠詞単数形や無冠詞複数形は避けたほうが無難です．

翻訳ソフトとGoogleの利用法についてまとめておきましょう．

翻訳ソフトの利用法
- 取りあえず，やってみる．速いので便利だ．
- 日本語を修正して試してみる．
  前置詞，名詞の単複，冠詞は，検証が必要である．

Google での検証法
- 不安な箇所を丸ごとフレーズ指定で検索する．
- ワイルドカードを利用して，前置詞や動詞の候補を探す．
- 前置詞や動詞の候補についてヒット件数を比較する．

引き続き，次の第 6 章で英訳の演習を続けます．

第 6 章
地球温暖化

　第5章に引き続き，英訳の演習を続けます．この章では，ヒット件数の比較とワイルドカードがポイントになります．コマンドや著作権表示を利用して定評のある科学技術文献を利用するテクニックも紹介します．

〔目　次〕
6.1 課題文	70
翻訳ソフトで試す	70
「環境問題」の訳語の検討	70
ドメイン名をチェックする	71
最適な名詞を探す	71
最適な形容詞を探す	72
最上級/比較級との相性を確認する	75
動詞を探す	75
用語の定義を探す	76
6.2 まとめ	77

6.1 課題文

次の課題文を英訳してみましょう．

〔課題文〕
地球温暖化は，世界で最も重要な環境問題の1つである．

まず，翻訳ソフトで試してみます．次に，訳語選択でヒット件数を比較します．この演習を通じて，翻訳ソフトとGoogleの使い方について学習します．

翻訳ソフトで試す

まず，翻訳ソフトの訳文を紹介しましょう．

［MT訳］
Global warming is one of the most important environmental problems in the world.　　　　　　　　　　　　（Excite翻訳サービス）

なかなかよくできています．さらに，細かく検討してみましょう．

「環境問題」の訳語の検討

和英辞書を引きながら考えると，次の訳し方が考えられます．

(1) environment problems　　　（名詞を並べた）
(2) environmental problems　　（翻訳ソフトの訳）
(3) problems of the environment　（後ろからofでつなぐ）

早速，Googleで頻度調査をしてみましょう（表6.1）．

第6章　地球温暖化　71

表 6.1　環境問題の訳語

検索文字列	ヒット件数
"environmental (problems OR problem)"	726,000 件
"environment (problems OR problem)"	20,300 件
"(problems OR problem) of the environment"	9,260 件

表 6.1 から，圧倒的に，environmental problem(s)が多いことがわかります．翻訳ソフトは正解でした．ここで，少数意見にも目をむけてみましょう．

> 単数形と複数形を検索対象に含める指定方法
> （複数形 OR 単数形）

ドメイン名をチェックする

ヒット件数が少なかった用例を見てみましょう．その際，用例の出典となる URL に注目すると，非英語圏のサイトがかなり多いことがわかります．

www.icsu-scope.cas.cz/homepage.htm
www.scope-germany.uni-bremen.de/start.html
www.sscc.ru/penen/penen.html

> 国別ドメイン名
> cz　Czech　チェコ
> de　Germany　ドイツ
> ru　Russian　ロシア

やはり，少数意見が少数派である理由が納得できました．この調査結果から，「環境問題」の訳語は「environmental problem(s)」がよいことが確認できました．

最適な名詞を探す

和英辞典を引くと，「問題」に対応する訳語には，「problem」「issue」「subject」などが候補として考えられます．先ほどの検討で「環境問題」の「環境」は，形容詞「environmental」がよいことを確認しました．

これを踏まえて，次のように入力してヒット件数を比較してみましょう（表 6.2）．

表 6.2 「問題」の訳語

検索文字列	ヒット件数
"environmental (issues OR issue)"	1,160,000 件
"environmental (problems OR problem)"	757,000 件
"environmental (subjects OR subject)"	7,970 件

表 6.2 から，「issue(s)」が圧倒的に多いことがわかります．これを踏まえると，次のようにしたほうがよさそうです．

[試訳 1]

Global warming is one of the most important environmental issues in the world.

最適な形容詞を探す

和英辞書から「重要な」という形容詞の候補は 1 つしかありませんでした．これ以外の表現はないのでしょうか．**ワイルドカード**を利用すると，簡単に調べることができます（表 6.3）．

表 6.3 ワイルドカードの利用

検索文字列	ヒット件数
"the most * environmental problems"	5,650 件
"the most * environmental issues"	3,750 件

ここで，次の点に注意します．
- フレーズ指定にする．
- 形容詞が来る位置にワイルドカードを挿入する．

> **ワイルドカード**
> 半角のアスタリスク
> 英語の1単語に相当
> **フレーズ指定**
> 半角の二重引用符で
> 囲んで**固める**

ワイルドカード指定で検索すると，「important」のほかに，「serious」という形容詞が使われていることがわかります．形容詞と名詞の組み合わせでヒット件数を比較してみましょう（表6.4）．

表6.4 最適な形容詞

検索文字列	ヒット件数
"**import**ant environmental **issues**"	8,730 件
"important environmental problems"	2,270 件
"**serious** environmental **problems**"	10,500 件
"serious environmental issues"	1,480 件

表6.4から，次の組み合わせがよいことがわかります．

　　important environmental **issue**(s)
　　serious environmental **problem**(s)

「issue」には「討議すべき議題」という中立的な立場を示す意味が強いので「important」との相性がよいことがわかります．これに対して「problem」は「解決すべき問題」という意味合いが強いので，「重大な」「深刻な」という意味の形容詞「serious」との相性がよいことがわかります．

以上の検討結果を踏まえて，次のどちらかにします．

［試訳2］
　Global warming is one of the most **serious** environmental **problem**s in the world.

[試訳3]

Global warming is one of the most **important** environmental **issues** in the world.

上記のどちらにするかは,原文の執筆者の立場を考慮して決めます.たとえば,国際会議の討議資料であれば,[試訳2]のほうが無難でしょう.環境問題を告発するグループの文章であれば[試訳1]のほうがよいでしょう.

ワイルドカードで見つけた形容詞について,いくつか紹介しておきましょう(表6.5).

表6.5 形容詞と名詞の相性

検索文字列	ヒット件数	コメント
"**serious** environmental **problems**"	9,170 件	重大な
"serious environmental issues"	1,320 件	深刻な
"**important** environmental **issues**"	7,580 件	重要な
"important environmental problems"	2,010 件	
"**significant** environmental **issues**"	4,100 件	有意義な
"significant environmental problems"	2,640 件	
"**severe** environmental **problems**"	2,410 件	深刻な
"severe environmental issues"	25 件	
"**urgent** environmental **problems**"	2,020 件	切実な
"urgent environmental issues"	476 件	

表6.5から,名詞と形容詞の相性がわかります.なお,ここでは,名詞の複数形で検索しています.これは,複数形のほうが多いことと,複数形にすれば,その後ろにほかの名詞がこないため,形容詞の相性を調べるには,そのほうが安全だからです.

最上級/比較級との相性を確認する

名詞と形容詞の相性について，注意すべき点を指摘しておきましょう（表6.6）．

表6.6 "Key"との相性

検索文字列	ヒット件数
"**key** environmental issues"	10,200 件
"**key** environmental problems"	1,290 件

表6.6から，「**key** environmental issues」がよく使われていることがわかります．最上級との相性はどうでしょうか（表6.7）．

表6.7 最上級との相性

検索文字列	ヒット件数
"**key** environmental issues"	10,200 件
"**the most key** environmental issues"	0 件
"**the most key** environmental problems"	0 件

「key」という形容詞は，「environmental issues」と相性がよいのですが，最上級との相性はよくないことがわかります．

動詞を探す

「important environmental issues」や「serious environmental problems」で検索したときに，見つけた用例をいくつか紹介しましょう．

【動詞の用例】
- We'll learn new techniques for **addressing** important environmental issues on campus.

    146.6.55.170/campusgreen.html -
    学校で重要な環境問題を**解決する**新しい技法を学習します．

- The Gambia is faced with serious environmental problems.
  www.gambianet.com/pages/whoson/mc.shtml
  ガンビアは重大な環境問題に**直面している**.

- ..., the Mediterranean region suffers from serious environmental problems..
  www.foeme.org/mftz/prsmap.htm
  地中海地方は深刻な環境問題の**影響を受けている**.

用語の定義を探す

インターネットで公開されているさまざま辞書や用語集から用例を収集することができます（表 6.8）.

表 6.8　用語集指定

検索文字列	ヒット件数
"Global warming"△inurl:glossary	33,500 件

［注］ここで，△は半角の空白を表します.

ここで，URL に「glossary」という文字列を含むという指定です．言い換えると，アドレスに「用語集」という意味の文字列が含まれているページを検索するという意味になります.

【Web の用例】
- **global warming**, An increase in the near surface temperature of the Earth. Global warming has occurred in the distant past as the result of natural influences, but the term is most often used to refer to the warming predicted to occur as a result of increased emissions of greenhouse gases. ...
  earthobservatory.nasa.gov:81/Library/
  glossary.php3?xref=global%20warming

「地球温暖化」は，地球の表面近くの温度の上昇を指す言葉である．地球温暖化は，はるか昔から自然の力によって発生している現象であるが，この用語は温室効果ガスの排出量の増加が原因で起きると予測される温暖化という意味で使われることが多い．

6.2 まとめ

もう一度，課題文と試訳を示します．

［課題文］
地球温暖化は，世界で最も重要な環境問題の１つである．

［試訳］
(1) Global warming is one of the most important environmental problems in the world.
(2) Global warming is one of the most **serious** environmental **problems** in the world.
(3) Global warming is one of the most **important** environmental **issues** in the world.

［コメント］
(1)は，一応これで，十分通じる訳文になっています．しかし，実務の世界では，文書の種類や執筆者の意図に応じて，(2)か(3)を選ぶほうがよいでしょう．この２つの訳文は，どちらが優れているかというランク付けではありません．形容詞と名詞の相性を考慮しているだけです．

翻訳ソフト
- 翻訳ソフトは，意外によくできていました．

Google 活用のポイント
- **(複数形△OR△単数形)** で名詞の単複を検索対象に含める．
- **ワイルドカード**で最適な形容詞の候補を探す．
- **URL 指定**で，用語集を探す．

引き続き，次の第 7 章で英訳の演習を続けます．

# 第 7 章
ニュートンの発見

　この章で英訳の演習は終わりです．この章では，ヒット件数の比較，ワイルドカード，さらに，類似用例を見つけるコツを紹介します．誤用例を調べるテクニックも披露します．

〔目　次〕
- 7.1 課題文 80
  - 翻訳ソフトで試す 80
  - 「成り立つ」の訳語は？ 80
  - 「光」と「色」との関係は 81
  - ワイルドカードを利用する 81
  - 時制の一致について考える 83
  - 類似用例を探す 84
  - 背景知識を増やす 85
  - 誤用例について考える 86
- 7.2 まとめ 87

7.1 課題文

次の課題文を英訳してみましょう．

〔課題文〕
ニュートンは，光はすべての色から成り立っていることを発見した．

まず，翻訳ソフトで試してみます．次に，訳語選択でヒット件数を比較します．この演習を通じて，翻訳ソフトと Google の使い方について学習します．

翻訳ソフトで試す

まず，翻訳ソフトの訳例を紹介しましょう．

[MT 訳]

Newton discovered that light consisted of all colors.

(Excite 翻訳サービス)

なかなかの出来栄えです．MT 訳では**時制の一致**を適用しています．この適否を含め，さらにこまかく検討してみましょう．

「成り立つ」の訳語は？

和英辞書には，「成り立つ」の訳語として，候補が 2 つありました．翻訳ソフトは，「consist of」を採用していますが，「be made up of」ではいけないのでしょうか．早速，Google で調べてみましょう（表 7.1）．

表 7.1　フレーズ指定

検索文字列	ヒット件数
"light **is made up of** all colors"	37 件
"light **consists of** all colors"	22 件

表7.1から，どちらも実際に使われていることがわかります．ここでは，一応，どちらでもよいとしておきましょう．

「光」と「色」との関係は

和英辞書から候補の動詞が2つあることを知り，ヒット件数からどちらも使えることが確認できました．これ以外の表現はないのでしょうか．ワイルドカードを利用すると，さまざまな表現を知ることができます．

> 名詞と名詞との関係を説明するのが動詞である

ワイルドカードを利用する

たとえば，「light」と「color」との間に来る動詞を探したい場合は，次のように入力します．

```
"light * all colors"
```

ここで，**フレーズ指定で全体を固め，ワイルドカードで緩める**のがコツです．まず，アスタリスクを1個挿入してみましょう．引き続き，アスタリスクの個数を増やしていくと次のようになりました（表7.2）．

> **ワイルドカード**
> 　半角のアスタリスク
> 　英語の1単語に相当
> **フレーズ指定**
> 　半角の二重引用符で囲んで**固める**

表7.2　ワイルドカード

個数	検索文字列	ヒット件数
1個	"light * all colors"	966件
2個	"light ** all colors"	462件
3個	"light *** all colors"	441件
4個	"light **** all colors"	729件
5個	"light ***** all colors"	565件

［アスタリスク1個］⇒ 「contain」を発見

Because light **contains** all colors, it is light that gives color to everything we see.
www.xpresspress.net/light.html

［アスタリスク2個］⇒ 「consist of」を発見

... white light **consists of** all colors.
vonkarman.stanford.edu/slh/SciBus/spring01.html

［アスタリスク3個］⇒この用例は課題文に使えそうだ

Isaac Newton, a 17th century scientist, discovered that white light **is comprised of** all colors.
sofia.arc.nasa.gov/Edu/materials/ activeAstronomy/2-2.doc

［アスタリスク4個］⇒「be made up of」を発見

White light **is made up of** all colors, all wavelengths.
www.exploratorium.edu/ronh/bubbles/bubble_colors.html

［アスタリスク5個］⇒ 興味深い用例を発見

White light really **is a combination of** all colors.
chainreaction.asu.edu/weather/digin/skyblue.htm

　このようにして，アスタリスクを増やしたり減らしたりしながら，動詞の候補を探します．**ワイルドカードは任意の1単語を示す**だけですから，関係代名詞や前置詞などもこれに含まれます．しかし，入力した「light」と「all colors」はボールド体で表示されるので，動詞の用例を簡単に見分けることができます（表7.3）．

表7.3 さまざまな動詞の候補

検索文字列	ヒット件数
"light **contains** all colors"	115件
"light **is composed of** all colors"	45件
"light **is made up of** all colors"	37件
"light **consists of** all colors"	22件
"light **is comprised of** all colors"	8件

　表7.3から，動詞の候補としては，「contain」も使えることがわかります．もちろん，そのほかの動詞でも，実例がありますから，安心して使えます．有力候補としてメモしておけば，表現のバリエーションが豊富になります．

時制の一致について考える

　翻訳ソフトは，時制の一致を適用していました．ただし，普遍的な真理を表す場合は例外になります．このような基礎知識があっても，実際に時制の一致という規則を適用すべきかどうかは判断に苦しむものです．

　簡単に調べる方法があります．先ほどの動詞の候補の上位4つについて，動詞を過去形にして，ヒット件数を比較してみればよいのです．次の表を見てください（表7.4）．

表7.4 過去形の用例

検索文字列	ヒット件数
"light contained all colors"	9件
"light was composed of all colors"	3件
"light consisted of all colors"	0件
"light was made up of all colors"	0件

表 7.4 から，時制の一致を適用した例もありますが，ヒット件数が極端に少ないこともあり，避けたほうが無難だといえます．

【時制の一致を適用した用例】
Having ground his own lenses for nearly ten years, Newton concluded that white light <u>contained</u> all colors and that different colors refracted to different degrees.
www.octavo.com/collections/projects/nwtopt/

この用例から，時制の一致を適用している用例があることはわかります．しかし，これはあくまで少数派であることもあり，私たちとしては時制の一致の例外と見なしたほうが無難でしょう．

時制の一致という規則は日本語にはありません．このようにヒット件数を比較すれば，多数派と少数派の区別ができるので便利です．

類似用例を探す

Web は，英語の用例の宝庫です．先ほどは，「光」と「色」との間の関係について，ワイルドカードを使って用例を調べました．ここで，全体を見直してみましょう．そして確実に使われると予想できる単語を選び出します．次のように入力して検索します．

```
Newton△discovered△light△colors
```
［注］ここで，△は半角の空白を表します．

このようにして検索すると，「light」と「color」と間の関係には，以下に示すように，さまざまな表現があることがわかります．

- Isaac Newton discovered in 1672 that **light could be split into many colors** by a prism.

acept.la.asu.edu/PiN/rdg/color/color.shtml
アイザック・ニュートンは1672年，プリズムにより光をさまざまな色に分解できることを発見した．

- Newton discovered that sunlight is **a mixture of light** of all colors.
  mclane.fresno.k12.ca.us/wilson98/ MWHI/1998/alejandra.html
  ニュートンは，太陽光がすべての光の混合物であることを発見した．

- In 1676, Sir Isaac Newton discovered that **color is a component of light**, not of the object being seen as previously believed.
  www.kaliszincolor.com/lighting.html
  アイザック・ニュートン卿は1676年，色は，従来信じられていた物体ではなく光の要素であることを発見した．

これらの用例を眺めると，表現の多様さに気がつきます．単に，正解か間違いかというのではなく，表現を豊富にする方向で考えたいと思います．

背景知識を増やす

たとえば，次のように入力してみます．

ニュートン△年△発見△"光△*△色"
146件

> 日本語の場合でも，アスタリスクと二重引用符は，**半角**で入力します．

日本のサイトでは，「1666年」という説が多いようです．たぶん，論文の発表年の違いからきているのかもしれません．

ニュートン（イギリス）　1642-1727
1666　　流率に関する10月論文
1672　　「光と色」新理論発表，フックと光学論争
1676　　ライプニッツへの前の書簡，後の書簡

誤用例について考える

ここでは，英語や翻訳を教えている方を対象に，筆者の体験談を紹介します．学生の答案を採点していると，次のような誤用例がかなりありました．

Newton discovered that light <u>is consisted of</u> all colors.
Newton discovered that light <u>is consist of</u> all colors.

英和辞書を引くと，「consist」は**自動詞**であり，受身形は不可と書いてあります．このような注記があるということは，かなり多くの人が誤用をしているものと推定できます．日本人に固有の少数の例外なのか，それとも，かなり広まっている誤用なのか，こんな疑問にも，Google が答えてくれます．

たとえば，次のヒット件数を見てください（表 7.5）．

表 7.5　誤用例の調査

検索文字列	ヒット件数	日本だけ	用法
"consist of"	2,700,000 件	30,400 件	正用法
"consists of"	4,920,000 件	134,000 件	
"is consisted of"	8,710 件	730 件	誤用
"is consist of"	3,010 件	309 件	

ここで，「日本だけ」は，次のように指定します．

"is△consisted△of"△site:jp
［注］△は半角の空白を示す．

```
サイト指定コマンド
　日本　site:jp
　英国　site:uk
```

この数字から，このような誤用は，単に日本人だけではなく，英語圏でも広まっていることがわかります．たぶん，「is composed of」などからの類推で，このような誤用が広まっているのかもしれません．逆の言い方をすれば，誤用ではあっ

ても意味は通じるともいえます．もちろん，だからといって，これでよいというわけではありませんが，あまり神経質になりすぎるのも問題ではないでしょうか．いずれにしても，誤用の広がりを調べるのに，Google が役立ちます．

7.2 まとめ

もう一度，課題文と試訳を示します．

［課題文］
　ニュートンは，光はすべての色から成り立っていることを発見した．
［試訳］
　(1) Newton discovered that light **consists of** all colors.
　(2) Newton discovered that white light **contains** all colors.
　(3) Newton discovered that sunlight is **a mixture of** all colors.

ここで，

- 翻訳ソフトは，時制の一致を適用していますが，この課題文では適用しないほうがよさそうです．
- 「から成り立つ」の訳語は，「contains」「is composed of」「is made up of」などが可能です．
- 「光」の訳語は，「light」と無冠詞単数形にします．複数形にすると，「ランプ」「電灯」など具体的な装置を意味するので，ここでは避けます．
- 原文にはありませんが，「white light」や「sunlight」と補うことも可能です．日本語では「から成り立っている」と動詞的な表現でも，英語では「a mixture of」のように名詞的に表現することも可能です．

> **翻訳ソフト活用のポイント**
> - 翻訳ソフトは，時制の一致を適用していましたが，この課題文では適用しないほうがよいでしょう．このような判断は，人間にしかできません．
>
> **Google 活用のポイント**
> - ワイルドカードで最適な動詞の候補を探す．
> - Google が動詞の活用形を区別する特徴を利用すると，時制の一致を検証することができます．

次の第 8 章では，和訳の演習に進みます．

第 8 章
ウィルス

この章から，英語から日本語への翻訳に進みます．**無冠詞複数形**の訳し方がポイントです．基本的な形容詞の訳し方に役立つ辞書を紹介します．

〔目　次〕

- 8.1 課題文 90
- 8.2 課題文 1 90
  - 翻訳ソフトで試す 90
  - 「programmers」は「プログラマー」でいいか？ 91
  - 「pianist」は「ピアニスト」でいいか？ 91
- 8.3 課題文 2 92
  - 翻訳ソフトで試す 92
  - 「share」は「共有する」でいいか 92
  - 多摩美術大学の英和コーパスを引いてみる 93
- 8.4 まとめ 95
- 8.5 参考 96
  - 英語全文 96
  - 試訳 97

8.1 課題文

次の課題文1と2を訳しなさい．全文はこの章の最後にあります．

〔課題文1〕

The notion of computer programmers unleashing viruses into the world's computer networks is relatively new.

〔課題文2〕

Many viruses are easily modified and virus writers tend to share their wares.

8.2 課題文1

〔課題文1〕

The notion of computer programmers unleashing viruses into the world's computer networks is relatively new.

翻訳ソフトで試す

翻訳ソフトで試すと，次の結果が得られました．

〔MT訳〕
世界のコンピューター・ネットワークへウィルスを解放する<u>コンピュータ・プログラマー</u>についての概念は，比較的新しい．（Excite翻訳サービス）

日本語だけ読むと，かなりへんですが，英語と照合すると，それなりに忠実に訳していることがわかります．まず，主語の部分は「コンピュータ・プログラマー<u>が</u>世界中のコンピュータネットワーク<u>に</u>ウィルスを<u>ばらまく</u>**という考え**」と読み解いて理解します．次に，細かい点について検討しましょう．

「programmers」は「プログラマー」でいいか？

まず,「computer programmers」が**無冠詞複数形**であることに注意する必要があります. 多少の例外はあるが, 一般的にプログラマーはという意味です.

ここで, この章の最後にある全文に目を通してください. 第2パラグラフの冒頭に「Researchers」が主語として登場します.「研究者たち」としてもへんです. 特定の研究者を指しているわけではないからです. 第3パラグラフと第4パラグラフでは, ウィルスを作成する人がプログラマーに限らないと説明しています.

「pianist」は「ピアニスト」でいいか？

ここで, 英語の基礎を復習しておきましょう. たとえば, 次の英文について考えてみましょう.

She is an excellent pianist.

この英語には「彼女は優れたピアニストである」だけではなく「彼女はピアノが上手である」という意味もあることを思い出してください. 英語の「pianist」は必ずしも日本語の「ピアニスト」と同じではありません. ピアノを弾く人はだれでも「pianist」なのです.

つまり, 英語の「programmer」は日本語の「プログラマー」と必ずしも同じではないのです. プログラムを作る人は, だれでも「programmer」なのです. ここでは, 職業として「プログラマー」ではない人がウィルスを作っているというのですから,「プログラマー」は適切な訳語ではありません.

以上をまとめると, 次のように訳します.

〔課題文1の試訳〕

The notion of computer programmers unleashing viruses into the world's computer networks is relatively new.

世界中のコンピュータ・ネットワークにウィルスをばらまくといった考えが登場したのは比較的最近のことである．

8.3 課題文2

〔課題文2〕
Many viruses are easily modified and virus writers tend to share their wares.

翻訳ソフトで試す

翻訳ソフトで試すと，次の結果が得られました．

〔MT訳〕
多くのウィルスが容易に修正されます．また，ウィルス作成者は，<u>彼らの製品を共有する</u>傾向があります．　　　（Excite 翻訳サービス）

翻訳ソフトは，原文に忠実に訳しています．しかし，全体として意味がよくわかりません．まず，「share their wares」について考えてみましょう．

「share」は「共有する」でいいか

コンピュータ関連では「共有」がほぼ定訳語といってもよいでしょう．しかし「彼らの作品を共有する」ではピンときません．

「share their wares」という表現は，特殊な言い方なのでしょうか．そのような疑問は，Googleで丸ごと検索してみればすぐわかります（表 8.1）．

表 8.1 "share their wares"の検索結果

検索文字列	ヒット件数
"share their wares"	250 件

表 8.1 から，この表現がかなり使われていることがわかります．次のような用例が見つかりました．筆者の試訳を添えていくつか紹介しましょう．

- Local cooks **share their wares** such as jams and chutneys, cakes and local produce at this popular market.
  www.mynrma.com.au/travel/country_food_guide/snowy_mountains/index.shtml
  この人気の市場で地元の料理人たちがジャムやチャツネ，ケーキなどの**特産品を披露**してくれます．

- ... to **share their wares** (used books, tapes, gadgets and other resources)
  agora.antioch.com.sg/index.php?topic=MessageBoard
  古本やテープ，小物などいろいろなものを**交換**できます．

- Welcome to our on-line community where crafters of all types can gather to **share their wares**, tips and techniques.
  http://www.e-crafters.com/
  オンラインコミュニティーにようこそ．ここでは，さまざまな工芸作家が一堂に会して自分の作品について作成のコツやテクニックも含めて**いろいろ話して**くれます．

多摩美術大学の英和コーパスを引いてみる

このサイトで，名翻訳者の対訳例を検索できます．

- メアリーさん，記憶について思うところがあれば**話して下さい**．
  Mary, please **share** with me your thoughts on memory.
  （吉本ばなな，ラッセル・F・ワスデン訳，『アムリタ』）

- We would **share** a few more thoughts on this rich and interesting subject.
  そうやってしばらくのあいだ，この豊かで奥深い話題をめぐって**意見が交換**

される.
（ベーカー，岸本佐知子訳，『フェルマータ』）

- Ann Campbell had suffered some sort of trauma and wasn't **sharing** it with anyone.
  アン・キャンベルはある種のひどい悩みをかかえていたが，それをだれにも**打ち明けよう**としなかった．
  （ネルソン・デミル，上田公子訳，『将軍の娘』）

- At some future time I might **share** some of these thoughts and feelings with Kirk.
  そのうち，こうした考え方や気持ちをカークに**話してみよう**，とわたしは思った．
  （グループマン，吉田利子訳，『毎日が贈りもの』）

　このような対訳の用例を参考にすると，課題文では「自分の作品であるウィルスについて話してくれる，中身を隠さずに見せてくれる，聞けば隠さずに教えてくれる」といった気質がウィルス作成者にあるという感じで使われていることに気が付きます．

［課題文2の試訳］
　Many viruses are easily modified and virus writers tend to share their wares.
　少し手を加えるだけで簡単に作成できるウィルスがたくさんあるし，仲間からも教えてもらえる．

8.4 まとめ

　英語から日本語に訳す場合，翻訳ソフトはほとんど失敗でした．原文と照合すると，それなりに忠実に訳しているのですが，意味が通じません．全体の文脈を考えて適切な訳語を選ぶのは，やはり人間の仕事であることがわかります．

　英語の主語は文を成立させるために必要なのですが，日本語では特に明示的に訳す必要のないこともあります．意味的に重要なのが**「誰が」**ではなく**「何をしたのか」**であれば，主語を明示せずに訳したほうが自然な日本語になることがあります．

- 無冠詞複数形は，訳出しないほうが日本語として自然なこともある．
- 用例から意味を考える必要がある．
- 「share」には「見せる」「話す」「教える」という意味もある．

　課題文は，コンピュータ・ウィルスの話でした．2003 年の現在でも，次々に新種のウィルスが登場しています．次の章では，今から 30 年以上も昔の話を紹介します．

　次の 8.5 で課題文の全文と筆者の試訳を紹介します．
　引き続き，次の第 9 章で和訳の演習をします．

8.5 参考

英語の全文と筆者の試訳を紹介します．

英語全文
"Love Bug" computer attack

　The notion of computer programmers unleashing viruses into the world's computer networks is relatively new --- the wake-up call came 12 years ago when Cornell University student Robert T. Morris released an Internet "worm" program.

　Researchers who have studied the people who have written an estimated 50,000 viruses say there is not a single "type" that could be reduced to a handy profile.

　"It's not one single image, it's a whole variety of motives and persons who are doing this kind of thing. I don't think there are really any characteristics that apply across all groups," said Eugene Spafford, a professor at Purdue University.

　Spafford said that he has seen virus creators of all kinds: "Young, old, educated, uneducated, rich, poor, whatever." They don't even need to be particularly good at computer programming because **many viruses are easily modified and virus writers tend to share their wares.**

　Jim Thomas, a professor of sociology and criminology at Northern Illinois University who has studied the computer underground, agrees with Spafford. "I think we look for a single answer too often, and it's not that one size fits all," Thomas said.

　Motivations are slippery. Many of the new breed of viruses focus on Microsoft Corp.'s popular Outlook mail-management software program. That could be because so many techies dislike Microsoft. **But it's just as likely that** Microsoft products, by their near-ubiquity, present a compelling test field for virus creators who might want to see their work spread far and wide.

試訳

「ラブレター」ウィルスにご用心

　世界中のコンピュータネットワークにウィルスをばらまくといったばかげた考えが登場したのは比較的最近のことだ．事の起こりは今から 12 年前，コーネル大学の学生ロバート・T・モリスが「ワーム」と呼ばれるウィルスプログラムをインターネットに流した事件にさかのぼる．

　推定で 5 万種ものウィルスを対象にした調査結果によると，ウィルス作成者に共通の「類型」はないという．パーデュー大学のユージーン・スパフォード教授も「一言では言えない．実にさまざまな人々が実にいろいろな動機でこんなことをやっている．すべてに当てはまる特徴はないと思う」と言う．

　スパフォード教授によると，これまでに見てきたウィルス作成者は「若い人，年配の人，常識のある人，ない人，お金のある人，ない人，何でもありだ」という．本格的なプログラミングの知識も特に必要ない．ほかの人のウィルスに少し手を加えるだけで簡単に新しいウィルスが作成できるし，仲間からも教えてもらえるからだ．

　コンピュータ社会の裏事情に詳しい北イリノイ大学のジム・トーマス教授(社会科学犯罪学)も，スパフォード教授の意見に賛同し，「どうしても 1 つの答えを求めがちだが，それは無理だ」と言う．まず，動機がはっきりしない．たとえば，新種のウィルスには，マイクロソフト社の「Outlook」というメール管理ソフトを標的にしているものが多い．その理由として，マイクロソフト社を嫌っているからだという見方もあるが，単に腕試しをしたいだけだという見方もできる．マイクロソフト社の製品は市場をほぼ制覇しているので，ウィルスを広める格好の舞台になるのかもしれない．

第 9 章
セキュリティ問題

　引き続き，英語から日本語に訳す練習を続けます．「何かへんだなぁ」と感じたら，英文を丸ごとフレーズ指定で検索し用例を調べる方法を紹介します．また，基本的な形容詞の訳し方に注意していただきます．

〔目　次〕
9.1 課題文 100
9.2 課題文1 100
　「with」は「備えた」でいいか？ 101
　挿入句の扱い 101
　「Internet's pioneers」は「インターネットの開拓者」でいいか？ 101
　「common」は「一般的」でいいか？ 101
9.3 課題文2 103
　「by」は「によって」でいいか？ 103
　「with care」は「注意して」でいいか？ 104
　引用符のナゾ？ 105
9.4 まとめ 107
9.5 参考 108
　英語の全文 108
　全文の試訳 110
　補足コメント 112

100 第2部 演習編

9.1 課題文

次の課題文1と2を訳しなさい．全文はこの章の最後にあります．

〔課題文1〕

After nearly 30 years' experience with networked computers, it's somewhat surprising that the security problems that were identified by the Internet's pioneers remain the most **common** problems today.

〔課題文2〕

課題文1の続きです．次のRFC602が引用されています．このタイトルと最後の文を訳してみましょう．

RFC：Request for Commentsの略．インターネット技術の標準化団体IETFがとりまとめている文書のことです．

RFC 602--
"The Stockings Were Hung by the Chimney with Care"
 1.
 2.   本文は省略
 3
You are advised not to sit "in hope that Saint Nicholas would soon be there."

9.2 課題文1

翻訳ソフトで試すと，次の結果が得られました．

〔MT訳〕
ネットワーキングされたコンピューターを備えたほぼ30年の経験の後に，それは多少それを驚かしています，インターネットの開拓者によって識別されたセキュリティ問題は今日最も一般的な問題のままです．（Excite 翻訳サービス）

日本語だけを読むと，意味がよくわかりません．以下，順に検討していきましょう．

「with」は「備えた」でいいか？

nearly 30 years' experience with networked computers

「ネットワークにつながれたコンピュータを使用した経験が30年近くになる」という意味．「コンピューターを備えた」はwithの解釈に誤りがあります．

挿入句の扱い

it's somewhat surprising that

[it ... that]の構文．that節で述べる内容が意外であるという意味です．翻訳ソフトは挿入句としてうまく処理していますが，「それは多少それを驚かしています」では意味不明です．試訳では，「なんと」という表現で意外感をあらわしてみました．

「Internet's pioneers」は「インターネットの開拓者」でいいか？

the security problems that were identified by the Internet's pioneers

ここで，「Internet's pioneers」は「インターネットを開発した草創期の人たち」を指します．しかし，Bob Metcalfe氏以外の名前は指摘されていません．これを踏まえて，「誰が」ではなく「いつ」と考えて訳すとうまくいきます．「インターネットの草創期に指摘されたセキュリティ問題」としましょう．

「common」は「一般的」でいいか？

最後の部分について，詳しく見ていきましょう．

remain the most common problems today

「今日最も一般的な問題のままです」は，英文解釈としては合格になるでしょう．しかし，実務の世界では再考が必要です．

「common」のような一般的な形容詞の訳し方については，**多摩美術大学の英**

和対訳コーパスが役立ちます．次の用例が見つかりました．

- 「それは**案外多い**ようですね」
  "Yes, it's far more **common** than you'd probably realize."
  （芥川龍之介，ボーナス訳，『河童』）

- いや，私どもも，夜ふかしは**しょっちゅう**です．
  Oh no, being up late at night is a **common** occurrence for us too,
  （安部公房，ソーンダーズ訳，『第四間氷期』）

- It became so damn **common** that for years I dreaded eating; it would ruin my digestion just to think about it.
  「**しょっちゅうそういうことが起こっていた**ものだから，俺はやがて食事するということ自体を怯えるようになってしまった．食事のことを考えただけで，胃の具合がおかしくなっちゃうんだよ」
  （マイケル・ギルモア，村上春樹訳，『心臓を貫かれて』）

これらの訳例から，「common」は「頻度が多い」と考えて訳していることがわかります．ここでは，「よく話題になっている」と解釈できます．

以上の検討結果をまとめると，次のようになります．

［課題1の試訳］
After nearly 30 years' experience with networked computers, it's somewhat surprising that the security problems that were identified by the Internet's pioneers remain the most common problems today.
コンピュータをネットワークに接続して利用する形態が登場してから30年近くになるが，インターネットの草創期に指摘されたセキュリティ問題がなんとほとんどそのまま今日まで残っている．

9.3 課題文2

〔課題文2〕

RFC 602 --

"The Stockings Were Hung by the Chimney with Care"

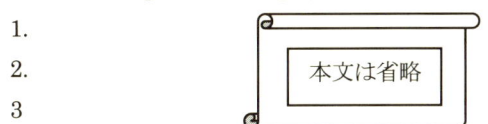

1.
2.
3

本文は省略

You are advised not to sit "in hope that Saint Nicholas would soon be there."

翻訳ソフトで試すと，次の結果が得られました．

〔MT 訳〕
ストッキングは，<u>煙突によって注意して</u>掛けられました
　　　　　　　　　　　　（中間は省略）
「聖ニコラウスがすぐにそこにいるだろうということを望む」座らないように助言されます．　　（Excite 翻訳サービス）

タイトルの日本語はへんです．本文のほうは，それなりに訳されていますが，意味はよくわかりません．以下，順に検討していきましょう．

「by」は「によって」でいいか？

The Stockings Were Hung by the Chimney

「ストッキングが煙突の**そばに**吊るされていた」が正解です．前置詞 **by** は，「によって」ではなく「そのそばに」という意味．翻訳ソフトには，「煙突」が動作主になれないという知識がありません．「煙突」が場所であると解釈できるのは，やはり人間しかありません．

「with care」は「注意して」でいいか？

"The Stockings Were Hung by the Chimney with Care"には，「靴下が**注意して吊るされた**」から「靴下を吊るときには**注意しよう**」などと訳したくなります．しかし，**注意して**原文を読むと，受動態の過去形(were hung)になっています．原文に忠実に訳せば「靴下が注意深く吊る**されていた**」でなければなりません．

ここで，**多摩美術大学の英和対訳コーパス**を引いてみましょう．次のような対訳例が見つかります．

- Elias Schwartz examined them **with intense care**.
  エライアス・シュウォーツはわたしの靴を**子細に**あらためると，・・・
  （フルガム，池央耿訳，『人生に必要な知恵はすべて幼稚園の砂場で学んだ』）

- As it was, he would have to dry it **with care**.
  これではあとで**慎重に**乾かさなくてはならないだろう．
  （レンデル，小尾芙佐訳，『死を誘う暗号』）

- She had risen in the dark and dressed **with care**,
  暗いうちに起き出して，着がえにも**念を入れ**，・・・
  （ル・カレ，村上博基訳，『スマイリーと仲間たち』）

これらの訳例から，「**with care**」は「念には念を入れて，細かいことにまで神経を使って」と考えて訳していることがわかります．それでは，ストッキングはどのようなイメージで吊るされていたのでしょうか．

これは宿題として，もう一度，原文を見直すと，このタイトルが引用符で囲まれていることに気づきます．

引用符のナゾ？

RFC602のタイトルは引用符で囲まれています．これは何の引用なのでしょうか．早速，フレーズ指定で検索してみましょう（表9.1）．

表9.1　"The Stockings Were Hung by the Chimney with Care"の検索結果

検索文字列	ヒット件数
"The Stockings Were Hung by the Chimney with Care"	3,200件

表9.1から，この表現がかなりたくさん使われていることがわかります．検索結果を見ると，そのほとんどがRFC602に関連しています．そのほかのサイトを注意して探すと，次のサイトが見つかりました（図9.1）．

図9.1　クリスマスの歌
出典：http://www.christmas-tree.com/stories/nightbeforechristmas.html

Clement Mooreが書いた"The Night Before Christmas"という詩の一節です．この詩を読んでいくと，次に事実に気がつきます．

The stockings were hung by the chimney with care,
In hopes that St. Nicholas soon would be there;

　RFC602 タイトルはこの 2 行の一節の先頭部分であり，本文の最後はその後半であることがわかります．言い換えると，一続きの詩の一部をタイトルにし，残りを本文の最後にもってきていたのです．

　ここで，先ほどの宿題に戻りましょう．靴下が吊るされていたのは，どのような様子なのでしょうか．先ほど検索したページをいろいろ探すと，次のサイトが見つかりました（図 9.2）．

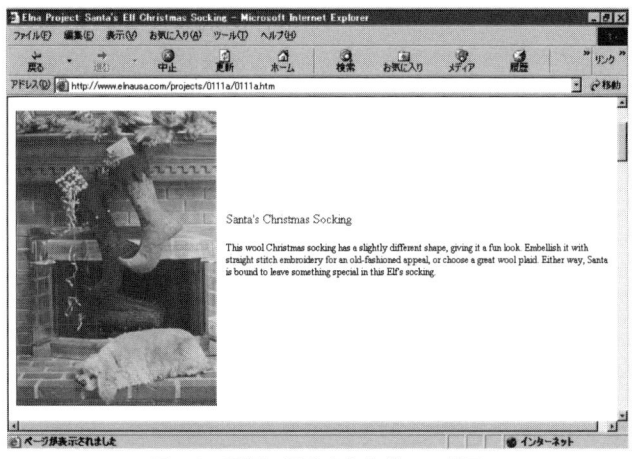

図 9.2　暖炉に吊るされた靴下の様子
出典：http://www.elnausa.com/projects/0111a/0111a.htm

　このサイトに暖炉と靴下の画像があります．暖炉には，子供たちのストッキングがきれいに並んで吊るされています．「サンタさんの目にすぐにとまるように，願いを込めて並べている」様子を「with care」と表現していることがわかります．

　本文の最後とタイトルが一続きの一節であることがわかれば謎も解けます．

「with care」の内容を「in hopes that St. Nicholas soon would be there」と説明しているのです.「サンタさんがはやく来てくれることを願いながら」と考えならが, 全体を見直して, 次のように訳しました.

［課題2の試訳］
　　RFC 602 ---
"The Stockings Were Hung by the Chimney with Care"
　　　　　　　　　　　　（省略）
You are advised not to sit "in hope that Saint Nicholas would soon be there."

　　RFC 602 -----------------------
暖炉のそばには, 願いを込めて靴下がつるしてありました
　　　　　　　　　　　　（省略）
暖炉に靴下をつるして「サンタさん, はやくきてください」とお願いしてもダメだ. 願えばかなうものではないと忠告しておきたい.

9.4 まとめ

翻訳ソフトは失敗でした. 原文と照合してみると, それなりに忠実に訳されています. しかし, 意味を考えないと, 訳語選択や前置詞の解釈に失敗します. その結果, 意味不明の訳文になってしまいました.

- 見知らぬ表現は, 丸ごとフレーズ指定で検索する.
- 形容詞の訳し方を多摩美術大学の英和コーパスで探す.

原著者は「サンタさんにお願いすれば何とかしてくれる」といった他力本願的な態度に警鐘を鳴らす目的でこの詩を利用したようです. しかし日本人には,「煙突から入ってくるのは, 善意のサンタさんだけではない. 身元不明の人が侵入してくるかもしれない. だから, 戸締りは厳重に！」という解釈のほうがストレートに伝わるような気もします. 翻訳としては, どちらの解釈でもよいと思います.

セキュリティ対策の不備はインターネット草創期から指摘されていました．その意味で RFC602 はよく引用されます．現在でも，セキュリティ事件が後を絶ちません．

この RFC602 が書かれた時点で，ホスト・コンピュータは 31 台しかありませんでした．今から 30 年ほど前の話です．一部紹介しておきましょう．

> ARPA: Advanced Research Projects Agency の略．米高等研究計画局．ARPA が構築したパケット交換網が ARPANET です．

In September 1971, there were 18 hosts on the ARPANET. At the time Metcalfe was writing, there were 31 host sites. In October 1974, there were 49.
http://www.nluug.nl/events/sane98/aftermath/salus.html

9.5 参考

少し長くなりますが，英語の全文と拙訳『Web セキュリティ&コマース』（オライリー社）を紹介します．最後に，簡単な注釈を添えておきます．

英語の全文

Historically Unsecure Hosts

After nearly 30 years' experience with networked computers, it's somewhat surprising that the security problems that were identified by the Internet's pioneers remain the most common problems today. Read RFC602 written by Bob Metcalfe in 1973(see below). In that document, Metcalfe identified three key problems on the network of his day: sites were not secure against remote access; unauthorized people were using the network; and some ruffians were breaking into computers simply for the fun of it.

Most of the problems that Metcalfe identified in 1973 remain today. Many Internet sites still do not secure their servers against external attack. People continue to pick easy-to-guess passwords --- except now, programs like Crack can mount an offline password guessing attack and try thousands of passwords in a few seconds. People still break into computers for the thrill --- except that now many of them steal information for financial gain.

Perhaps the only problem that Metcalfe identified in 1973 that has been solved is the problem of unauthorized people accessing the Internet through **unrestricted dialups**[*1]. But it has been solved **in a strange way**[*2]. Thanks to the commercialization of the Internet, the number of unrestricted dialups is tiny. On the other hand, today it is so easy to procure a "trial" account from an Internet service provider that the real threat is no longer unauthorized users --- it's the authorized ones.

RFC 602

"The Stockings Were Hung by the Chimney with Care"

The ARPA Computer Network is susceptible to security violations for at least the three following reasons:

1. Individual sites, used to **physical limitations on machine access**[*3], have not yet taken sufficient precautions toward securing their systems against unauthorized remote use. For example, many people still use passwords which are easy to guess: their first names, their initials, their host name spelled backwards, a string of characters which are easy to type in sequence (e.g., ZXCVBNM).

2. The TIP allows access to the ARPANET to a much wider audience than is thought or intended. TIP phone numbers are posted, like those scribbled hastily on the walls of phone booths and men's rooms. The TIP required no user identification before giving service. Thus, many people, including those who used to **spend their time ripping off MaBell**[*4], get access to our stockings in a most anonymous way.

3. There is **lingering affection for**[*5] the challenge of breaking someone's system.

This affection lingers despite the fact that everyone knows that it's easy to break systems ... even easier to crash them.

All of this would be quite humorous and cause for **raucous eye winking and elbow nudging**[*6] if it weren't for the fact that in recent weeks at least two major serving hosts were crashed under suspicious circumstances by people who knew what they were risking; on yet **a third system**[*7], the system wheel password was compromised by two high school students in Los Angeles, no less.

We suspect that the number of dangerous security violations is larger than any of us know and is growing. You are advised not to sit "**in hope that Saint Nicholas would soon be there.**"

全文の試訳
ホストはもともと安全ではない

　コンピュータをネットワークに接続して利用する形態が登場してから30年近くになるが，インターネットの草創期に指摘されたセキュリティ問題がなんとほとんどそのまま今日まで残っている．ここで，Bob Metcalfe氏が1973年に作成したRFC602を読んでもらいたい(以下を参照)．この中でBob Metcalfe氏は，当時のネットワークの主要な問題点を3つ挙げている．第1は，サイトが外部からのアクセスに無防備であること．第2は，本人認証を受けていない人々でもネットワークが使えること．第3は，いたずら目的でコンピュータに不正侵入する連中がいることだ．

　Metcalfe氏によって指摘された問題はそのほとんどが未解決のままである．第1の問題として指摘されたように，外部からの攻撃に弱いサイトが現在でも多い．簡単に解読できるようなパスワードが今でも使い続けられている．さらに悪いことに現在では，オフラインで数千のパスワードを数秒ほどで解読するCrackのようなプログラムも登場している．第3の問題として指摘された，興味本位でコンピュータに不正侵入する事件も後を絶たない．しかも現在は，金もうけ目当てに情報を盗む事件が増加している．

一応解決したといえるのは第2の問題だけだろう．匿名でだれでも自由にダイアルアップ経由でインターネットにアクセスできる問題である．この問題はある面では解決したが，別の問題が表面化した．インターネットの商用利用が広まったおかげで，無規制のダイアルアップ接続は減少したが，その反面「試用」アカウントをプロバイダー(ISP)から簡単に入手できるようになった．つまり，正式の認証を受けていないユーザではなく，一応認証を受けているユーザこそがむしろ問題になっている．

RFC 602
暖炉のそばには，願いを込めて靴下がつるしてありました

　ARPAコンピュータ・ネットワークは，少なくとも次の3つの理由で，セキュリティ攻撃を受けやすい．

1. 個々のサイトではコンピュータへのアクセスを物理的な手段で制限しているが，外部からの不正なアクセスに対する対策は十分に行われていない．たとえば，自分の名前，イニシャル，ホスト名を逆順にした名前，キーボードから入力しやすい文字列(ZXCVBNM)など，相変わらず簡単に解読されてしまうパスワードを使っている人が多い．
2. 当初の予想以上にTIPが普及し，実にさまざまな人々がARPANETへアクセスできるようになった．TIPの電話番号は，電話ボックスや公衆トイレの落書きのように，一般の人の目に触れる場所に公開されている．TIPを利用すれば，本人認証を受けずにだれでもサービスが受けられる．そのため，AT&Tを不正利用していた連中をはじめ，不特定多数の人々が匿名で個人のサイトにアクセスできる．
3. 他人のシステムを破ってみたいという気持ちはなぜか押えがたいものだ．システムに不正侵入するのはもちろん，システムを異常停止させることだって簡単にできる．これはだれにでも知られていることで自慢の種にもならないのだが，なかなかやめられない．

　このような指摘が世間話や噂のタネであればよいのだが，決して架空の話ではないのだ．最近，意図的な攻撃により，少なくとも2個所でホストが異常停止す

る事件が発生した．さらに，なんとロサンゼルスの高校生2人によってシステム・ホイール・パスワードが盗まれる事件も起きた．

　このようなセキュリティ破りの件数はわれわれが想像しているよりはるかに多いし，しかも増加傾向にある．暖炉に靴下をつるして「サンタさん，はやくきてください」とお願いしてもダメだ．願えばかなうものではないと忠告しておきたい．

補足コメント

*1 「unrestricted」は「無制限」でいいか？

　先頭から第3番目のパラグラフにある「unrestricted dialups」を「無制限のアクセス」と訳すと，「時間制限のない」という意味に受け取られやすい．「無規制の」「自由な」がよいと思います．

*2 「in a strange way」は「奇妙な方法」でいいか？

　先頭から第3番目のパラグラフにある「in a strange way」を「奇妙な方法で解決されていた」と訳すと，意味がつながりません．「解決という言葉を使うのは，本当は適切でないが」と考えます．

*3 「physical limitations」とは？

　RFC602の第1項にある「physical limitations on machine access」は「マシン・アクセスに対する物理的な制限」が直訳．ここで「マシン」は「コンピュータ」を指していますから，「コンピュータへのアクセスを物理的に制限すること」という意味です．「物理的な制限」とは，建物の入り口でチェックをしたり，部屋にカギをかけたりするなど，具体的に目に見える対策のことです．

*4 「美女の服を脱がす」とは？

　RFC602の第2項の「spend their time ripping off MaBell」には，「美女の服を脱がすのに時間を費やす」「電話帳を切り裂くのに時間を費やす」は意味不明です．「AT&Tを不正利用する」と考えます．

*5 「未練が残る」とは？

RFC602 の第 3 項の「lingering affection」には，「未練が残る」「偏愛が続く」「手間がかかる」なども意味不明です．「なかなかやめられない」と考えます．

*6 「耳障りなウィンクと肘鉄」とは？

最後から 2 番目のパラグラフにある「raucous eye winking and elbow nudging」には，「耳障りなウィンクと肘鉄」「騒々しく目をしばだたせ，肘を突っつきあう」などは不可解です．「単なる噂話」と考えましょう．

*7 「3 分の 1 システム」とは

最後から 2 番目のパラグラフにある「a third system」は，最初に 2 つの事例を紹介し，その次の事例という意味ですから，日本語では「そのほか」「別のシステムでは」などにします．

第 3 部
まとめ

　実務の現場で英語を読んだり書いたりするときには，英語の意味がわからず頭をかきむしったり，的確な英語表現が思いつかず苦吟したりすることが多いものです．**インターネットそのものを表現辞典として活用**すれば，大半の問題が瞬時に解決できます．

　意味のわからない英語に出会ったら，そのまま丸ごとフレーズ指定で検索してみることです．実際によく使われている表現なのか，それとも特殊な例外的な表現なのか，ヒット件数をみればすぐわかります．

　必要に迫られて英語を書かなければならないときは，取りあえず，自分で英語を書いてみることです．不安な部分については，フレーズ指定で検索しヒット件数をチェックします．たくさんヒットすれば安心して使えます．ゼロ件であれば，別の表現を工夫する必要があります．サイト指定コマンドを利用すれば，定評のあるサイトに絞って用例を調べることができます．

　本書の目的は，**表現検索用のツール**として Google を利用するための体験的ノウハウを紹介することでした．第 10 章では，基礎編から応用編までで紹介してきたさまざまなテクニックを 2 つの観点でまとめます．第 11 章では，本書で紹介したサイトだけではなく，英語を読んだり書いたりするのに役立つサイトのURL をまとめておきます．

第 10 章
問題解決と基本ルール

　この章では，基礎編から演習編まで紹介してきたテクニックを2つの観点で整理しました．1つは，問題解決に役立つ形でまとめました．もう1つは，覚えやすいように6つのルールとしてまとめました．さらに英語を読んだり書いたりするときに悩む冠詞と名詞の単複についても筆者の体験を簡単に紹介します．

〔目　次〕

10.1 問題はこのように解決する 118
　　こんな表現はあるのか？ 118
　　どんなものか目で確認したい 119
　　市販の辞書にない表現は？ 119
　　言葉の定義を知りたい 121
　　用語のやさしい説明がほしい 121
　　定評のある論文で用法を知りたい 122
　　可算名詞か不可算名詞かを判定したい 122
10.2 Google 活用：6つの基本ルール 123
　　(1) フレーズ指定 123
　　(2) 丸括弧と OR の併用 123
　　(3) ワイルドカード 124
　　(4) キャッシュ 124

(5) 国別ドメイン名 124
　　(6) コマンド 125
10.3 名詞と冠詞はこう考える 125
　　名詞と冠詞の基本ルール 126
　　名詞と冠詞の基本的な考え方 127

10.1 問題はこのように解決する

　ここでは，本書で紹介した事例だけではなく筆者の体験例も紹介しながら，問題解決に役立つ形で整理してみました．

こんな表現はあるのか？

　特に難しい単語はないのですが，全体として何か意味がありそうな気がする．そのような場合は，次のようにします．

> **フレーズ指定で丸ごと検索**する．
> ゼロ件だったら，
> 　　⇒部分的にフレーズ指定で検索する．
> 　　⇒キーワードだけでAND検索する．

【例】

"The Stockings Were Hung by the Chimney with Care"
⇒丸ごとフレーズ指定で検索すると，サンタクロースの歌であることがわかります．RFC 602のタイトルは，このクリスマス・ソングの一節を使っていたのです（第9章を参照）．

どんなものか目で確認したい

> 具体的なものは，イメージ検索で画像を見ると，わかることがある．

【例】
1.「チョコレート」は「candy bar」でいいのだろうか．
 ⇒ 画像検索すると，英語の「candy bar」にはチョコレートを使ったものがあることがわかります（第2章を参照）．

2. 建設現場でかぶるヘルメットの訳語は，「helmet」「hard hat」のどちらがよいか．
 ⇒ 画像検索すると，「hard hat」のほうが適切であることがわかります（詳細は第4章を参照）．

市販の辞書にない表現は？

英文原稿には，市販の辞書に記載されていない単語がよく出てきます．そのような場合は，次のようにします．

> そのままの形で丸ごとフレーズ検索する．
> ⇒たくさんヒットした場合は，[日本語のページ]をクリックする．

【例1】
「Are you akamaized」は「アカマイズされた」でいいか？
 ⇒丸ごとフレーズ指定検索すると，3件ヒットしました．キャッシュをクリックすると，次の説明が見つかります．

The company's advertising asks: **"Are You Akamaized**?" To be akamaized, the company says, is to be using Akamai's high-speed server network.
starbulletin.com/1999/10/29/business/story1.html

「Akamai 社が提供する高速サーバ・ネットワークを利用していますか」という意味であることがわかります．日本でも最近「セコムしていますか」という社名を動詞として使う用法が広まっています．

【例2】

「stretch goal」は「ストレッチ・ゴール」でいいか．
⇒丸ごとフレーズ指定検索すると，2,240 件ヒットしました．次の用例が見つかりました．

 Simply put, a **stretch goal** is a goal you set for yourself knowing that you may not meet it 100%.
 www.askmen.com/money/successful/47_success.html
 ［試訳］簡単にいうと，[stretch goal]というのは，100%達成できるとは限らないことを知りながら自分に課す目標のことである．

この用例から「努力目標」という意味であることがわかります．

【例3】

「inergen」とは？
ある会社案内の説明でこの表現に出会いました．手元の小学館『ランダムハウス英和大辞典』にも研究社『リーダーズ』にも『英辞郎』にも記載されていません．Googleで検索すると，7,800 件ヒットしました．引き続き［**日本語のページ**］をクリックすると，15 件ヒットしました．次のサイトが役立ちます．

 「イナージェン<INERGEN>とは <INERGEN>は，イナートガス<INERtgas=不活性ガス(アルゴン)>とナイトロジェン<nitroGEN>を組み合わせた言葉で，アルゴンと窒素と炭酸ガスからなる混合ガスです」
 www.kakoki.co.jp/ktc/kikai/inerjen/inerjen2.html

言葉の定義を知りたい

> ⇒URL 指定コマンドを利用する.
>   例 : "global warming"△**inurl:glossary**
>   〔注〕コマンドの指定法：前に半角スペース，後ろに半角コロン，コロンの
>   後ろにはスペースなし.
>
> ⇒定義を示す動詞を添えて全体をフレーズ指定にする.
>   例１: "global warming **(refers OR means)**"
>   例２: "global warming"△**(means OR meaning OR refers OR referring OR referred)**

　例１でうまく見つからなかった場合，動詞の活用形を**フレーズ指定の外**に出すと，うまくいくことがあります.

　これは, "global warming **refers to**", "global warming **referring to**", "global warming **is referred to as**", "global warming **means**", "global warming **meaning**"のほかに, "what this means", "which means" "the meaning of which"など，少し離れた場所で用語が定義されている場合も想定した指定方法です．このように**用語の部分と動詞の部分を分けて指定**すると，思いがけない定義が見つかることがあります．

用語のやさしい説明がほしい

> ⇒ コマンドを利用する.
> 例 : "microwave (ovens OR oven)" **inurl:faq**
> 例 : "microwave (ovens OR oven)" intitle:"**about** microwaves"

　タイトルに「About ...」（…について）と書かれている場合，初心者向けにやさしく解説してあることが多く見られます．「about」の後ろは，通常，無冠詞複数形（可算名詞）/無冠詞単数形（不可算名詞）です．

定評のある論文で用法を知りたい

> ⇒サイト指定コマンドを利用する．
> 例："global warming"△**site:nature.com**　（ネイチャー）
> 　　"global warming"△**site:aaas.org**　（サイエンス）
> 　　"global warming"△**site:sciam.com**　（サイエンティフィック・アメリカン）

※ 第6章を参照．

可算名詞か不可算名詞かを判定したい

辞書を引いてもわからない場合は，丸ごとフレーズ検索し，単数形と複数形のヒット件数を比較します（表10.1）．

表 10.1　単数形と複数形のヒット件数

検索文字列	ヒット件数
"global warming"	930,000 件
"global warmings"	403 件

⇒ 表10.1から，複数形が非常に少ないことから，不可算名詞扱いにするのがよいことがわかります．

10.2 Google 活用：6 つの基本ルール

本書で紹介した Google のテクニックは，次の 6 つのルールにまとめることができます．

> (1) **フレーズ指定**で**ヒット件数**を比較する．⇒ 使用頻度の調査
> (2) **丸括弧と OR** を併用する．　⇒訳語選択に利用
> (3) **ワイルドカード**を活用する．⇒ 動詞，形容詞，前置詞の発見
> (4) **キャッシュ**をクリックする．⇒ 用例の文脈
> (5) **国別ドメイン名**をチェックする．⇒ 英語圏/非英語圏の区別
> (6) **コマンド**を利用する．　　⇒ サイト指定，文献指定，用語集指定

(1) フレーズ指定

フレーズ指定で「検索対象を**固める**」と覚えておきましょう．
- フレーズ指定あり：**固める**（**半角の二重引用符**で囲む）
- フレーズ指定なし：**バラバラ**で検索される．

複数の単語を入力し，そのままで検索すると，膨大な数字になります．各単語がばらばらで検索されるからです．

(2) 丸括弧と OR の併用

名詞の単複

単数形と複数形との間に OR を挿入し，全体を括弧で囲むと，名詞の単複を検索対象に含めることができます（表 10.2）．

表 10.2　「燃料電池車」の訳語

検索文字列	ヒット件数
"fuel cell (vehicle OR vehicles)"	53,500 件
"fuel cell (car OR cars)"	22,200 件

ヒット件数の比較から，「fuel cell car(s)」より「fuel cell vehicle(s)」のほうがよいことがわかります．

動詞の活用形

動詞の活用形には5種類あります（原形，3人称単数現在形，過去形，過去分詞形，ing形）．実務上は，そのすべてを調べる必要はありません．物事の原理を説明している場合であれば，次の3種類ほどで十分でしょう（表10.3）．

表10.3 「走る」の活用形を含めた前置詞の選択

検索文字列	ヒット件数
"(run OR runs OR running) **on** electricity"	6,040件
"(run OR runs OR running) **by** electricity"	1,070件
"(run OR runs OR running) **through** electricity"	22件

(3) ワイルドカード

前後の単語が確定している場合は，ワイルドカードを利用すると，適切な前置詞や形容詞，動詞の候補を見つけることができます．ワイルドカードは，半角のアスタリスクで指定します．2003年7月の時点では，前後の空白は不要ですが，うまく利かない場合は，前後に空白を入れてみるとよいでしょう．

(4) キャッシュ

［キャッシュ］をクリックすると，入力した検索文字列が**カラー表示**されるので，前後関係を見ながら，各単語の用法がチェックできます．

(5) 国別ドメイン名

ドメイン名をチェックするとことにより，英語圏/非英語圏をある程度推測することができます．

Domain Suffixes

http://www.computeruser.com/resources/dictionary/domains.html

(6) コマンド

単語や語句を入力した後に，半角の空白を入れてから，コマンド指定を追加することができます（表 10.4）．

表 10.4 コマンドの一覧

コマンド	使用例	コメント
site:	site:jp	サイト指定
inurl:	inurl:faq	URL 指定
intitle:	intitle:glossary	タイトル指定
filetype:	filetype:pdf	ファイルの種類指定
difine:	define:transparent	英英辞典の串刺し検索

また，特殊な記号のまとめは，以下の通りです（表 10.5）．

表 10.5 記号の一覧

記号	説明	意味
+	半角のプラス記号	英語は，検索対象に含める／日本語は，完全一致で検索
-	半角のマイナス記号	検索対象から除外する
" "	半角の二重引用符	フレーズ指定で固める
OR	大文字	どちらかを含む
*	ワイルドカード	英単語 1 つ
( )	半角の丸括弧	OR と併用して固める

10.3 名詞と冠詞はこう考える

筆者が英語のネイティブスピーカー 10 名といっしょに英文チェックをしていたころの体験をまとめてみました．英語の**読み手**と**書き手**の観点で整理したものを紹介します．およそ 7 割の確率だと考えください．

名詞と冠詞の基本ルール

可算名詞

［1］ __ computer: 可算名詞なので，通常，無冠詞単数形は**単独では使わない**．

　※「単独で」は，動詞の目的語や主語として使う場合を指す．その後ろに名詞が来ない場合．

　⇒ 無冠詞単数形で書かれていた場合は，執筆者が抽象/総称的な意味で使っている可能性がある．

［2］ a computer: (**書き手は知っているが読み手は知らない**) コンピュータどれか1つ．

［3］ the computer: (**書き手も読み手も知っている**) コンピュータ．
　　（前に述べたコンピュータ．**発明品**として言及する場合）

［4］ __ computers: (多少の例外はあるが) コンピュータは，通常，…
　　⇒ **一般論**として言及する場合は，無冠詞複数形にするとよい．

［5］ the computers: すべてのコンピュータ．
　　⇒ 前後に範囲を限定する語句が必要．
　　⇒ 世の中には，必ず例外があるので，この形は避けたい．

　［注］__は**無冠詞**であることを示す．

不可算名詞

__ information：情報，情報**というもの**，**総称**．

information は，不可算名詞なので，通常，複数形にはしない．冠詞も付けない．

　［注］__は**無冠詞**であることを示す．

[注意事項]

　Googleでフレーズ検索するときに，冠詞や前置詞を含める場合は，用例をチェックする必要があります．

［冠詞の検討］

<u>an</u> information <u>center</u>:

ここで，

- 不定冠詞(an)は主名詞 center を修飾している．
- information は center を修飾している．

※　**名詞を修飾する**場合は，原則として，単数形にする．

［前置詞の検討］

Thousands of construction workers are injured or killed **in** construction site **accidents** each year.

www.personalinjurylawcal.com/ construction-site-injuries.html

　［試訳］毎年数千人の作業者が建設現場の事故で死傷している．

ここで，

- 前置詞 "in" は，" construction site" ではなく"accidents" に係っている．
- " construction site" は，"accidents" を修飾しているので単数形．
- " construction site accidents" は，無冠詞複数形になっている．

名詞と冠詞の基本的な考え方

　名詞と冠詞については，**書き手と読み手との間のコミュニケーション**という観点で考えるとよいでしょう．冠詞は，書き手が読み手に送るシグナルです．

- **定冠詞(the)**：書き手と読み手の**双方が知っている**．
    ⇒ ほら，あれだよ，知っているよね．
- **不定冠詞(a/an)**：**読み手にはわからないどれか１つ**．
    （書いている本人は知っているはず）
- **無冠詞**：意味範囲を限定しない．総称，一般論，抽象的．
- **無冠詞複数形**：可算名詞の場合，一般論として言及する．多少の例外はある．

定評のある英和辞典/和英辞典で，可算名詞/不可算名詞の区別や冠詞に関するコメントをチェックすることを忘れてはなりません．このようにすれば，慣例として定着している用法はかなり確認できます．

　インターネットの世界では，たとえば，「information」（不可算名詞の代表格）が「informations」と複数形で書かれている用例もたくさん見られます．これは，「具体的な情報」という意味合いで使っている可能性があります．あるいは，書き手が非英語圏の人であったり単なる誤植だったりすることもあります．

　英語を読む場合は，書かれた表面だけではなく書き手の意図を理解する気持ちが大切です．英語を書く場合は，英語圏の慣例を重視する姿勢が必要です．いずれにしても，大切なことは意味を理解し意味を伝えることです．

　これで，筆者が体験的に知っている Google 活用のテクニックをすべて紹介しました．ぜひ，それぞれの場面でご活用ください．

第 11 章
役立つサイト

　本書で紹介したサイトだけではなく，英語を読んだり書いたりするのに役立つサイトの URL をまとめておきます．

〔目　次〕
- 主要な検索エンジン 130
- その他の検索エンジン 131
- ドメイン名の検索 132
- 検索エンジンの最新情報 132
- 検索エンジンの検索 132
- 翻訳サイト 133
- 翻訳に役立つ資料 133
- 辞書サイト 134
- 各種専門辞典 134
- 英英辞書 135
- 百科事典/類語辞典 135
- 米英の科学雑誌 136

主要な検索エンジン

インターネットを**表現辞典**として活用する目的で，筆者はこれまで，AltaVistaから Fast Search へ，そして現在は Google を利用しています．この3つの検索エンジンとこれに関連したサイトを紹介します．

●Google

`http://www.google.com/`

　1998年9月，スタンフォード大学出身のサージ・ブリン(Sergey Brin)とラリー・ページ(Larry Page)の2人が Google 社を設立．Google が日本で広く知られるようになったのは，2000年9月．2001年8月に日本法人が設立された．2003年夏の時点で30億ページをカバーする巨大な検索エンジンになった．

Google のアドレスについて

　(1) `http://www.google.com/`　　　　　米国にあるサーバ
　(2) `http://www.google.com/intl/ja/`　　言語指定で日本語
　(3) `http://www.google.com/intl/en/`　　言語指定で英語
　(4) `http://www.google.co.jp/`　　　　　日本にあるサーバ

Google のヘルプには説明がありませんが，筆者は次のように推定しています．
- 日本にあるコンピュータから(1)にアクセスすると，(2)または(4)になる．(2)は，米国のサーバから日本のサーバ(4)にアクセスしたことになる．
- 日本から(1)のサーバに直接アクセスして，米国人と同じ環境で利用するには，(3)の設定が必要になる．

　いくつか試してみると，上記の(2)と(4)とで，ヒット件数が少し違うことがあります．(1)と(4)は，物理的に違うサーバのようです．いずれにしても，実用的には，(4)のアドレスで問題ないでしょう．

●kwicOnGoogle

`http://163.136.182.112/xyz01/`

専修大学の佐藤弘明氏が作成. 検索語を中央に配した KWIC と呼ばれる形式で検索結果を表示してくれる.

●Google glossary search

`http://labs.google.com/glossary`

2002 年 6 月ごろ開始. 言葉の定義の検索. Web からの検索も可能. Dictionary.com にもリンクしている.

●Fast Search

`http://www.alltheweb.com/`

1999 年夏に登場. 2001 年夏から画像検索が可能. 2003 年春の時点で, 21 億ページが検索可能で, **日本語**も検索できる. 筆者は 1999 年 AltaVista から乗り換え, しばらく愛用していたが, 現在は Google に乗り換えている.

●AltaVista

`http://www.altavista.com/`

1995 年 12 月に登場. 画像検索の老舗. 2003 年春の時点で日本語も検索可能. 筆者は 1996 年から長年愛用していたが, 1999 年の春頃から動作が不安定になり, Fast Search に乗り換えた.

その他の検索エンジン

Google, Fast Search, AltaVista という 3 大検索エンジンのほかに役立つ検索エンジンを紹介しておきます.

●Goo

`http://www.goo.ne.jp/`

1997 年春に登場. 2003 年春の時点で, 日本語 8,000 万ページ, 英語 30 億ページがカバーされているという. 筆者は, 日本語の検索に長年愛用してきた

が，現在は Google で間に合うようだ．

● Yahoo　　　　　　　`http://www.yahoo.com/`
　Yahoo!JAPAN　　　　`http://www.yahoo.co.jp/`
　1994 年に登場した検索エンジンの老舗．ディレクトリ型の代表格．データ数が少ないので，ヒット件数は参考にならない．

● Infoseek　　　　　　`http://www.go.com/`
　Infoseek Japan　　　`http://www.infoseek.co.jp/`
　情報検索に使用．曖昧検索なのでヒット件数は参考にならない．

● Excite　　　　　　　`http://www.excite.com`
　Excite Japan　　　　`http://www.excite.co.jp/`

● Lycos　　　　　　　`http://www.lycos.com/`
　Lycos Japan　　　　`http://www.lycos.co.jp/`

ドメイン名の検索
● Domain Suffixes
`http://www.computeruser.com/resources/dictionary/domains.html`
検索したページがどこの国のものであるかを知ることができる．

検索エンジンの最新情報
● Search Engine Showdown
`http://www.searchengineshowdown.com`
検索エンジンの最新ニュースをはじめ，さまざまな比較データがある．

検索エンジンの検索
● `http://www.searchenginecolossus.com/`
世界中の検索エンジンを探せる検索サイト．

翻訳サイト
2002年から英日と日英の両方が可能になった．

●Exciteの翻訳サービス
http://www.excite.co.jp/world/text/
　Web翻訳とテキスト翻訳が可能．テキスト翻訳の場合は，[英→和]と[和→英]のどちらかをクリックしてから[翻訳]をクリックする．翻訳検索もできる．

●lycosの翻訳サービス
http://www.lycos.co.jp/translation/
　Web翻訳とテキスト翻訳が可能．テキスト翻訳の場合は，[英→和]と[和→英]のどちらかをクリックしてから[翻訳]をクリックする．

●ブラザー(Brother)の翻訳サービス
http://210.151.214.30/jp/honyaku/demo/index.html
　日英と英日のフィールドが分かれていることに注意．Webページの翻訳はできない．インターネットの翻訳サービスでは最古参．

●Infoseekの翻訳サービス
http://www.infoseek.co.jp/Honyaku?pg=honyaku_top.html&svx=100302&svp=SEEK
　2001年7月26日より開始．中国語と韓国語がサポートされている．

翻訳に役立つ資料
●http://www.kotoba.ne.jp/
　翻訳に役立つ辞書やMTサイトが網羅されている．

●http://www.monjunet.ne.jp/PT/honyaku/home2.htm
　Honyakuというメーリングリスト(ML)の投稿が検索できるので便利だ．

辞書サイト

次の辞典では，原則として，**見出し語は原形でしか検索できない**ことに注意．市販の辞書と同じ扱いになる．英辞郎の場合は，複合語も検索できる．

●三省堂 Exceed
http://dictionary.goo.ne.jp/
http://dic.lycos.co.jp/

●研究社の「新英和・和英中辞典」
http://eiwa.excite.co.jp/

●ジャパン・ナリッジ
http://www.japanknowledge.com/

2003年春にオープン．現時点は有料．各種辞典や百科事典だけではなくさまざまな情報源が串刺し検索できるので便利だ．

各種専門辞典

●英辞郎
http://www.alc.co.jp/

複合語が検索できるので便利．現場の翻訳者による独自の辞書．2002年3月に100万語を達成．アルク社から販売されている．

●専門語辞書参照サービス
http://wwwd.nova.co.jp/webdic/webdic.html

分野を指定する．**基本語**にチェックマークをつけるとよい．

●多摩美術大学のコーパス辞典
http://idd-www.idd.tamabi.ac.jp/corpus/

翻訳者の山岡洋一氏が編纂した対訳辞書．明治・大正から昭和にいたる有名な小説の和訳と英訳から例文を対訳形式で示す．基本的な形容詞や副詞の訳し

方が参考になる．1999 年秋に公開された．

● Je 海辞典

`http://www.jekai.org/`

2000 年 5 月からスタートした辞書開発のボランティアプロジェクト．Tom Gally 氏が主催．

英英辞書
● OneLook Dictionaries

`http://www.onelook.com/`

Merriam-Webster や American Heritage のほかに百科辞典などが同時に引けるので便利だ．Dictionary.com や Encyclopedia.com も検索対象になる．

● Merriam Webster

`http://www.m-w.com/`

英語の辞典として権威がある．

● Oxford English Dictionary

`http://www.oed.com`

世界最大の英語辞典．ただし，現在は有料．

● 世界各国の辞書

`http://www.yourdictionary.com`

世界各国の辞書が利用できる．

百科事典/類語辞典
● エンカルタ

`http://encarta.msn.com/encnet/features/home.aspx`

マイクロソフト社の百科事典．

●ブリタニカ

http://www.britannica.com

99 年 11 月から再び無料でオープン．

米英の科学雑誌

●Nature

http://www.nature.com/

●Science

http://www.aaas.org/

●Scientific American

http://www.sciam.com

●Popular Science

http://www.popsci.com/

あとがき

　前著『技術翻訳のためのインターネット活用法』(2001年3月発行)は，翻訳者だけではなく学校の先生方からも好評をいただきました．検索エンジンの使い方について問い合わせるメールもたくさんいただきました．具体的な手順がわからないためにうまく使いこなせない方が多いこともわかりました．そのため，本書では煩をいとわず繰り返し基礎的な手順について解説しました．説明がかなりくどいと感じられた方には，このような事情があるものとご理解ください．

　翻訳ソフトの訳例を紹介したのは，いわゆる直訳というものを示すのが狙いでした．学校の世界だけではなく実務の業界でも**原文に忠実に訳すという神話**がまだ根強く生き残っています．**直訳**は，表面に現れた構文と字句を形式的に置き換えたものにすぎません．もちろん，形式がなければ意味は伝えられませんが，意味を考えなければ単なる形骸にすぎません．本書では，表面に現れた形式を手がかりにして**意味を伝える**ことの大切さを強調しました．

　インターネットは生きた表現の宝庫です．データは日々更新されます．本書執筆時点で30億ページを超える膨大な用例が検索できます．**インターネットそのものを表現辞典として利用**するテクニックを身につければ，これほど便利なものはありません．しかし，既存の検索エンジンを利用する際には，情報検索と表現検索の相違に注意する必要があります．本書では，この相違についてかなり詳しく解説しました．

振り返れば，筆者が最初に利用した検索エンジンは AltaVista でした．1995 年 12 月に登場した AltaVista は，その翌年に私たち翻訳者の仲間に広く知れわたりました．その当時の AltaVista は，基本設定が OR 検索だったので，各単語の先頭にプラス記号を付けて AND 検索にしました．半角の二重引用符で囲んでフレーズ検索にすることは必須の知識でした．ワイルドカードで前方一致検索ができるのも便利でした．1999 年春から画像検索も可能になりました．

ところが，1999 年の初めごろ，検索結果の異変に気づきました．プラス記号が使えなくなったのです．ヒット件数にも信頼がおけなくなりました．ちょうどその年の春ごろ，Fast Search という検索エンジンが新たに登場しました．ワイルドカードは使えませんが，基本設定が AND 検索になったのでプラス記号は不要になりました．

前著『技術翻訳のためのインターネット活用法』では，Fast Search と Google の両方を紹介しましたが，その後 2001 年夏ごろから Fast Search の動作が不安定になりました．これまで約 8 年にわたる筆者の検索エンジン利用体験を振り返ると，今後，Google がどのような展開を見せるのか予断はできません．

このあとがきを書いている時点で AltaVista と Fast Search をチェックしてみると，どちらも日本語が扱えるようになり，動作も安定しているようです．本書は Google を中心にした活用テクニックを紹介しましたが，もし，不審な動きが感じられたときには，次の諸点をチェックしてください．
・単数形と複数形を区別しているか．
・大文字と小文字を区別しているか．
・「コンピュータ」「コンピューター」を区別しているか．
・フレーズ指定が利いているか．

本書で紹介した例題のヒット件数を参考にすれば，正常な動きであるかどうかの判定に役立つと思います．ここで紹介した基本的なテクニックは，Google 固有のコマンドを除き，AltaVista や Fast Search にも応用できます．本書がみなさ

まのそれぞれの場面でお役に立てていただければ幸いです．

　最後になりましたが，丸善㈱出版事業部の古賀淳子氏には，本書の原稿段階で数々の貴重なアドバイスをいただきました．この紙面をお借りして感謝の意を表します．

2003 年　梅雨明けを前にして

　　　　　　　　　　　　　　　　　　　　　　安藤　進（sando@inter.net）

索引

欧文

AltaVista 19,20,131
ARPA 108
be made up of 80
by 103
candy bar 24
common 101
consist of 80
engine 4
Exceed 134
faq 37
Fast Search 20,131
filetype : 37
glossary 37
Goo 131
Google i
Google Hacks 36
I'm Feeling Lucky 23
important 73
internet's pioneers 101
intitle : 37
inurl : 37
Je 海辞典 14,135
Machine Translation 10
MT 10
Nature 38,136
OneLook 135

OR(or) 30,31
pianist 91
Popular Science 136
programmers 91
RFC 100
Science 38,136
Scientific American 38,136
search engine 4
serious 73
share 92,95
site : 37
URL 19
wild card 32
with 101
with care 103,104

あ行

一般的 101
イメージ検索 18,45
ウェブ検索 18
英語の意味を知る ii
英語を書く ii
英辞郎 13,134
エンカルタ 135
エンジン 4
大文字 31
　──と小文字の区別 19

か 行

化学反応　58
可算名詞　6, 122
画像検索　18
環境問題　70
冠詞　63
関連ページ　23
機械翻訳　10
キャッシュ　22, 23, 124
共有する　92
国別ドメイン名　125
グループ検索　18
形容詞と名詞の相性　77
研究社の「新英和・和英中辞典」　134
検索　i
　　──エンジン　i
コーパス辞典　13
コマンド　36, 69
小文字　31
誤用例　79
コンピュータ　35

さ 行

最上級／比較級との相性　75
サイト指定　123
三省堂の「Exceed」　134
Je 海辞典　14, 135
時制の一致　83
執筆者の意図　77
ジャパン・ナリッジ　134
情報検索　i

前置詞の選択　49

た 行

多摩美術大学のコーパス辞典　134
単数形　5
　　──と複数形の区別　19
　　──と複数形を検索対象に含める
　　　指定方法　71
地球温暖化　70
直訳　11
著作権表示　69
ディジタル　36
ディレクトリ　25
　　──検索　18
デジタル　36
電気で走る　60
動詞の活用形　124
ドメイン名　20, 71

な 行

成り立つ　80
日本語のページ　120
ニュースグループ　25
念には念を入れて，細かいことにまで神経を
　使って　104
燃料電池車　58

は 行

パソコン通信の掲示板　25
発生　64
半角のアスタリスク　32, 73

半角の空白　*32*

半角の二重引用符　*26,123*

ピアニスト　*91*

ヒット件数　*7*

　——の比較　*69*

表現検索　*i*

表現辞典　*i*

頻度が多い　*102*

ファイルの個数　*7*

不可算名詞　*6,122*

複数形　*5*

プラス記号　*34*

ブリタニカ　*136*

フレーズ指定　*8,73*

プログラマー　*91*

文献指定　*123*

文書の種類　*77*

ヘルメットの訳語　*47*

ま 行

マイナス記号　*36*

丸括弧　*30*

　——とORの併用　*123*

無冠詞単数形　*87*

無冠詞複数形　*89*

名詞と形容詞の相性　*74*

名詞の単複　*49,123*

名詞を修飾する名詞　*30*

や 行

訳語選択　*6*

用語集指定　*123*

用語の定義　*76*

わ 行

ワイルドカード　*32,69,73,124*

　——は任意の1単語を示す　*82*

Googleは Google 社の、Yahoo はヤフー㈱の、Infoseek は楽天㈱の、AltaVista は AltaVista 社の、Excite はエキサイト㈱の、Fast Search は Fast Search&Transfer 社の、その他本書に掲載されているソフトウェア等の製品は、各社の商標または登録商標です。

著者紹介

1947年生まれ，上智大学外国語学部出身
1982年　富士通研究所で機械翻訳システムの研究開発に参加
1989年　(株)十印で翻訳部部長，言語研究所参事を歴任
現　在　青山学院大学理工学部と多摩美術大学で非常勤講師
著　書　「Word95入門」(富士通経営研修所，1996)，「Eメールハンドブック」(共立出版，1998)，「インターネット英語の読み方＆書き方＆調べ方」(共立出版，1997)，「技術翻訳のためのインターネット活用法」(丸善，2001)
訳　書　「プログラミングの壺」(共立出版)，「Java実践プログラミング」「JavaScriptプログラミング」「Webセキュリティ＆コマース」，「TCP/IPネットワーク管理」(以上，オライリー社)

翻訳に役立つGoogle活用テクニック

平成15年10月15日発　　行
平成25年９月15日第11刷発行

著作者　安　藤　　　進
発行者　池　田　和　博
発行所　丸善出版株式会社
　　　　〒101-0051　東京都千代田区神田神保町二丁目17番
　　　　編集：電話(03)3512-3264／FAX(03)3512-3272
　　　　営業：電話(03)3512-3256／FAX(03)3512-3270
　　　　http://pub.maruzen.co.jp/

Ⓒ Susumu Ando, 2003

組版印刷・製本／藤原印刷株式会社

ISBN 978-4-621-07294-3 C2082　　　　　　Printed in Japan

JCOPY　〈(社)出版者著作権管理機構　委託出版物〉

本書の無断複写は著作権法上での例外を除き禁じられています．複写される場合は，そのつど事前に，(社)出版者著作権管理機構(電話03-3513-6969，FAX03-3513-6979，e-mail : info@jcopy.or.jp)の許諾を得てください．